江苏专利实力指数报告2015

江苏省知识产权研究与保护协会 主编

知识产权出版社
全国百佳图书出版单位

图书在版编目（CIP）数据

江苏专利实力指数报告.2015/江苏省知识产权研究与保护协会主编.
—北京：知识产权出版社，2015.9
ISBN 978-7-5130-3771-6

Ⅰ.①江…　Ⅱ.①江…　Ⅲ.①专利－指数－研究报告－江苏省－2015
Ⅳ.①G306.72

中国版本图书馆CIP数据核字(2015)第217223号

内容提要

本书是《江苏专利实力指数报告》的第二辑，该报告自2014年开始编制并持续对外发布。报告致力于将统计学分析方法引入到专利数据挖掘中，力争揭示影响地区专利实力差异的各类因素，为知识产权理论和政策研究人员、实务工作者及相关社会公众提供尽可能详实、客观的数据和结论。

责任编辑：李德升　　责任出版：孙婷婷

江苏专利实力指数报告2015
江苏省知识产权研究与保护协会　主编

出版发行：知识产权出版社 有限责任公司		网　　址：http：// www.ipph.cn
电　话：010－82004826			http://www.laichushu.com
社　址：北京市海淀区马甸南村1号		邮　编：100088
责编电话：010－82000860转8355		责编邮箱：lidesheng@cnipr.com
发行电话：010－82000860转8101 / 8029		发行传真：010－82000893 / 82003279
印　刷：北京中献拓方科技发展有限公司		经　销：各大网上书店、新华书店及相关专业书店
开　本：720mm×960mm　1/16		印　张：7.5
版　次：2015年9月第1版		印　次：2015年9月第1次印刷
字　数：124千字		定　价：28.00元

ISBN 978－7－5130－3771－6

编　委　会

前　言

　　江苏省实施知识产权战略六年来，知识产权事业高速发展。2014年，全省专利申请量和授权量、企业专利申请量和授权量、发明专利申请量五项指标连续五年保持全国第一，知识产权综合发展指数年均增长率全国第一，知识产权综合实力由全国第四位跃升至第二位，区域创新能力连续六年居全国首位，江苏省正处于由知识产权大省向知识产权强省转变、提质增效的关键时刻，《江苏专利实力指数报告2015》主要通过对江苏省各省辖市专利状况的监测与分析，促进各地专利质量的提升和知识产权强省的建设。

　　《江苏专利实力指数报告》自2014年开始编制并持续对外发布，致力于将统计学分析方法引入专利数据挖掘中，力争揭示影响地区专利实力差异的各类因素，为知识产权理论和政策研究人员、实务工作者及相关社会公众提供尽可能详实、客观的数据和结论。

　　《江苏专利实力指数报告2015》对指标体系进行了进一步的修正，最终确定为4个一级指标、10个二级指标和37个三级指标。指标数量较《江苏专利实力指数报告2014》有所增加，在创造效率指标下，新增了战略性新兴产业每百亿元产值有效发明专利量和每亿美元出口额PCT国际专利申请量，在运用数量指标下，新增了专利实施许可合同备案涉及专利量，弥补了以往指标统计中的缺陷。另外，本报告还对一些指标内容进行了调整，例如将管理环境三级指标知识产权管理机构设置数调整为知识产权管理机构人员数等，提高了指标分析的科学性和针对性。

  《江苏专利实力指数报告2015》是多方支持与合作的成果，本报告在指标体系构建、数据获取方面获得了国家知识产权局相关部门、江苏省知识产权联席会议各成员单位、江苏省知识产权局各处（室）、江苏省专利信息服务中心相关部门以及各省辖市知识产权局的大力支持和通力配合，在此一并致谢。

  由于时间有限，《江苏专利实力指数报告2015》难免存在疏漏与不足，恳请社会各界提出宝贵意见。

江苏省知识产权研究与保护协会

2015年6月

目　录

表目录

图目录

第一章　绪　论

一、指数报告编制背景及意义

2014年是江苏省深入实施创新驱动发展战略开局之年，是知识产权事业发展不平凡的一年，知识产权创造成果丰硕，知识产权保护效果显著，知识产权服务能力跃升，知识产权人才培养扎实有效。区域创新能力连续第六年居全国首位，知识产权综合实力居全国第二位，多项重要发展指标领跑全国。

随着知识产权强省建设的深入实施和市场主体创新活动的日益活跃，经济社会发展对专利工作的要求明显提高，需求明显增强。党的十八届三中全会描绘了全面深化改革的路线图和时间表，要求加强知识产权运用与保护；四中全会强调运用法治思维和法治方式推进改革，提出要完善激励创新的产权制度、知识产权保护制度和促进科技成果转化的体制机制，对新常态下知识产权工作提出了新的更高要求。

江苏省作为全国的产业大省、开放大省、科技大省，尽管知识产权工作走在了全国前列，但尚存在一些薄弱环节，主要表现为知识产权创造、运用和保护水平有待提高，服务和人才支撑有待加强，管理体制不够顺畅，区域发展仍不平衡等。为全面反映我省专利实力状况，定量分析各地区专利创造、运用、保护等方面的发展水平，引导我省专利事业科学发展，江苏省知识产权研究与保护协会今年继续开展江苏专利实力状况的研究工作，科学合理地识别和补充江苏省专利实力指标，客观评价地区专利发展状况并与2013年度对比分析，挖掘各地区专利发展存在差距的根源，为各级知识产权管理部门制定相关政策提供更加可靠的数据支撑，进一步提升该地区的专利实力和科技竞争力，更好地促进新常态下知识产权强省建设。

二、国内外相关研究现状

许多发达国家对专利指标的研究和利用十分重视，已有多年的理论研究和实践经验，他们建立专利专题数据库，不断进行深入的专利跟踪调查和分析，如1999年日本特许厅公布的《知识产权管理评估指标》和美国知识产权咨询公司CHI Research研究的专利评价指标，主要针对企业的知识产权管理、专利创新能力、专利质量等进行评价，提升企业竞争力[1]。2002年，日本提出了"知识产权立国"战略，认为创造、保护和应用知识产权是提高日本国际竞争力的关键。2012年3月，美国商务部发布了一份名为"聚焦知识产权和美国经济产业"的综合报告，报告中使用"专利密集度"这一指标来衡量各个产业专利这一知识产权形式的使用水平，由此确定了专利密集型产业，并分析了专利密集型产业的特征以及对美国经济增长的贡献。

国内围绕专利的统计分析研究也比较多，主要集中在专利评价指标的建立、专利实力与经济水平的关系和区域专利实力评价等方面（表1-1）。

---

1 王鹏龙,马建霞,任珩.基于主成分分析的西北五省区专利资源布局评价[J].科技管理研究,2014(17):82-87.

表1-1　国内专利统计分析研究概况

研究方向	代表作者
专利评价指标构建	黄庆、曹津燕等（2004）[1]
	曹津燕、肖云鹏等（2004）[2]
	魏雪君、葛仁良（2005）[3]
	李利、陈修义（2011）[4]
	王鹏龙等（2014）[5]
专利产出与经济水平的关系	鞠树成（2005）[6]
	高雯雯、孙成江等（2006）[7]
	张继红、吴玉鸣（2007）[8]
	曾昭法、聂亚菲（2008）[9]
	姜军、武兰芬（2014）[10]
区域专利实力评价	王宏起、杨京玺（2007）[11]
	王鸣涛（2011）[12]
	张文新、李琴等（2012）[13]
	陈嗣元（2014）[14]

1 黄庆,曹津燕等.专利评价指标体系一——专利评价指标体系的设计和构建[J].知识产权,2004 (5):25-28.

2 曹津燕,肖云鹏等.专利评价指标体系二—运用专利评价指标体系中的指标进行数据分析[J]. 知识产权,2004 (5):29-34.

3 魏雪君,葛仁良.我国专利统计指标体系的构建[J].工作视点,2005(8):55-56.

4 李利,陈修义.专利综合实力评价及实证研究[J].情报杂志,2011(3):89-123.

5 王鹏龙,马建霞,任珩.基于主成分分析的西北五省区专利资源布局评价[J].科技管理研究, 2014(17):82-87.

6 鞠树成.中国专利产出与经济增长关系的实证研究[J].科学管理研究,2005,23(5):100-103.

7 高雯雯,孙成江,刘玉奎.中国专利产出与经济增长的协整分析[J].情报杂志,2006(01):34-36.

8 张继红,吴玉鸣.专利产出与区域经济增长的动态关联机制分析[J].工业工程与管理,2007(2): 13-15.

9 曾昭法,聂亚菲.专利与我国经济增长实证研究[J].科技管理研究,2008(7):406-407.

10 姜军,武兰芬.江苏省技术创新与经济增长的关系研究——基于面板数据的实证[J].科技管理研究,2014(3):82-90.

11 王宏起,杨京玺.区域专利产出水平评价指标体系及其实证研究[J].科技进步与对策,2007 (12):24.

12 王鸣涛.基于模糊综合评价法的我国区域专利实力评价实证研究[J].科技管理研究,2011(16): 170-172.

13 张文新,李琴等.我国城市专利综合实力影响因素分析[J].城市经济与管理,2012(7):91-97.

14 陈嗣元.江苏省专利实力综合评价研究[D].江苏大学,2014.

2013年，贺化等通过计算我国37个工业产业的本国专利密集度（即该产业国民发明专利总量与该产业主营业务收入之比）、本国专利活跃度（即该产业国民发明专利总量与该产业研发人员数量之比）、国外来华专利控制度（即该产业国外来华发明专利总量与该产业国民发明专利总量之比），对这三个指标分别设定权重进行加权评价，最终得到我国各产业专利密集型产业指数，结果显示专利密集型产业指数较高的产业多为设备制造相关产业，如其他电子设备制造业、专用设备制造业、交通运输设备制造业等技术密集程度较高、产业的发展与技术创新关联性较强的产业。专利密集度的研究为专利实力评价标准的发展提供了新的视角，从一定意义上说，专利密集型产业集聚的地区专利实力较强，如何在专利实力评价体系中纳入专利密集度指标是以后的一个研究方向[1]。

2014年，王鹏龙等从专利数量、质量、价值和区域布局方面，选取了申请量，发明专利授权量、授权率，每万人专利授权量，发明专利存活量、存活率，技术市场成交额，布局系数8个指标构建了区域专利资源评价体系，并对西北五省区2012年的专利资源进行了评价。姜军、武兰芬对江苏13个省辖市2003—2010年发明专利申请量和实际GDP面板数据进行协整检验和固定效应回归分析，得出发明专利申请量与实际GDP存在长期稳定的关系，技术创新对促进地区经济增长起着较大的作用。陈嗣元通过广泛的文献综述，构建了包含5个一级指标、13个二级指标和39个三级指标的地区专利实力统计指标体系，运用熵值法对华东地区五省一市(除江西省)、广东省和北京市的专利实力进行了实证分析和综合评价，得出江苏省的专利实力处于中等水平，并对江苏省各省辖市专利实力进行比较分析，得出江苏省专利实力发展不平衡、专利产出质量不高、专利活动主体结构不合理。

---

1 贺化.专利与产业发展系列研究报告[M].北京:知识产权出版社.2013:28-64.

第二章　江苏省专利实力综述与分析

一、江苏省专利实力综述

2014年，江苏省知识产权综合实力全国领先，大省地位牢牢确立，奠定了向强省跨越的坚实基础。过去六年，江苏省知识产权工作驶入高速发展轨道，知识产权综合发展指数年均增长率全国第一，知识产权综合实力由全国第四位跃升到第二位，多项重要发展指标领跑全国，区域创新能力连续六年居全国首位。

（一）专利创造成果丰硕

2014年，全省专利申请量和授权量、发明专利申请量、企业专利申请量和授权量分别为421907件、200032件、146660件、260501件、131966件，五项指标连续第5年保持全国第一，发明专利申请、授权占总量比例分别为34.8%、9.8%，比去年分别提高6.8个、2.8个百分点。全省发明专利授权量19671件，同比增长17.2%，占全国12.1%，居全国第三位；PCT专利申请量1610件，同比增长35.8%，占全国6.7%，居全国第三位；有效发明专利量81114件，同比增长30.6%，占全国12.2%，居全国第三位；万人发明专利拥有量10.22件，同比增长30.6%。此外，在第十六届中国专利奖评选活动中，我省荣获中国专利奖金奖3项，中国专利奖优秀奖50项，获奖项目总数达53项，同比增长71%。

（二）知识产权转化应用取得新进展

省专利实施计划首次增设专利运营类项目，遴选10家专利运营机构进行补贴奖励，支持其开展专利运营。据统计，获补贴支持的10家机构全年运营收入达到1.3亿元。委托新加坡国立大学苏州研究院举办首期专利运营培训班，向知识产权服务机构介绍国际上专利运营的成熟做法和先进经验，拓展了工作视野。同时，积极争取国家专利运营项目的支持，江苏汇智知识产权服务有限公司、苏州工业园区纳米产业技术研究院有限公司、江苏天弓信息技术有限公司被列入国家第二批专利运营试点企业，并获得3000万元的资金支持。各地积极推动知识产权与金融资本相结合，苏州质押融资贷款发放超过4亿元，无锡达到3.5亿元，镇江达到2.29亿元。

（三）知识产权保护效果显著

《江苏省专利促进条例》《江苏省专利行政执法规程》相继出台，专利行政执法体系逐步健全，"双打""护航"等专项行动取得重要成果，全年全省受理各类专利纠纷626件，结案642件，查处假冒专利3055件；查处商标违法案件2739件，案值11152万元；查处著作权侵权盗版案件59件，结案38件，其中重大案件6件；查处种子违法案件357件，移送司法机关7件；南京海关查获侵权嫌疑案件226件，涉案货物数量70.46万件，涉案货物价值1088万元。知识产权"正版正货"承诺推进计划向商贸街区、专业市场和行业协会延伸，新认定省级"正版正货"示范创建街区14家，全省示范创建街区总数达到50家。机械、五金机电、家俱、服装和黄金珠宝5家省级行业协会参与推进行业"正版正货"承诺，认定行业"正版正货"承诺企业2000家，全省总数近3000家。知识产权维权服务体系进一步完善，徐州、扬州设立维权援助分中心，知识产权维权援助服务基本实现全省全覆盖。大力开展知识产权社会宣传，完善举报投诉案件受理、移送、办理、反馈等工作制度。12330服务热线全年向社会提供知识产权法律咨询4963次，接收举报投诉417个，提供维权援助165次。省维权援助中心与苏宁易购等电商开展合作，制定电子商务领域知识产权维权援助工作方案，完善电商领域知识产权服务流程，提高了电商管理者处理知识产权纠纷的能力。

（四）知识产权服务能力跃升

国家专利审查协作（江苏）中心、国家区域专利信息服务（南京）中心、国家专利战略推进与服务泰州中心、国家专利快速维权南通中心、无锡（国家）外观设计专利信息中心等重要服务载体落户江苏，省知识产权公共信息服务平台全面建成，苏州知识产权服务业集聚发展试验区建设稳步推进，全省专利代理机构及分支机构从42家发展到171家，执业专利代理人从223人增加到619人，数量分别增长3倍和2倍，涌现出一批全国知名的品牌服务机构。《2014年江苏省知识产权服务业调查报告》显示，截至2014年6月，全省从事知识产权服务的机构数量为2663家，与2012年6月比较增长了94%；2013年全省从事知识产权服务的人员总量为7629人，与2012年比较增长了115%，其中市场服务机构从业人员总量为5297人，公共服务机构从业人员总量为2332人，知识产权服务机构数和从业人员数都大幅度增加；2013年我省从事知识产权服务的企业的营业收入、营业成本和营业利润分别达到9.41亿元、6.45亿元和1.9亿元，同比分别增加7.17%、42.65%和75.42%，实现了业务规模上的较快扩张，这些企业所持有的固定资产原价从2012年的4.44亿元增长到7.38亿元，增幅达66.35%，更多的社会资源正在知识产权服务业市场中聚集。

（五）知识产权人才培养扎实有效

国家中小微企业知识产权培训（苏州）基地、苏州大学知识产权研究院、江南大学知识产权法研究中心相继成立，全省知识产权培训基地达到13家。南京理工大学知识产权学院一期建设顺利推进。全省举办知识产权工程师培训班17期，培训知识产权工程师近3000人，举办知识产权总监培训班12期，培训企业总裁和知识产权总监800名，培训执业专利代理人500余名。举办了首期专利运营培训班，向知识产权服务机构介绍国际上专利运营的成熟做法和先进经验。举办了8期品牌管理专业人才培训，培训企业品牌管理专业人才1000名。举办了农业植物新品种保护培训班，培训植物新品种研发和管理人员80余名。

二、江苏省专利实力分析

基于全省专利实力综述内容，报告从专利创造、运用、保护和环境四个方面对2014年江苏省专利实力进行排名与分析，得出各市专利实力状况呈现"苏南高苏北低"的特征，前三位依次是南京市、苏州市、无锡市，全部为苏南城市，后三位依次是连云港市、盐城市、宿迁市，全部为苏北城市（见表2-1）。这与我省地区科技研发投入规模不同、企业创新能力差异较大等因素相关。

各地区专利实力极不均衡，排名第一位的南京市与排名第十三位的宿迁市，专利实力指数相差0.633，排名第一位至第十三位的省辖市，其专利实力指数呈显著的下降趋势（见表2-1）。

表2-1　2014年江苏地区专利实力指数

地区	专利实力	
	指数	排名
南京市	0.785	1
苏州市	0.757	2
无锡市	0.644	3
南通市	0.502	4
常州市	0.454	5

续表

地区	专利实力	
	指数	排名
镇江市	0.419	6
扬州市	0.332	7
泰州市	0.309	8
徐州市	0.240	9
淮安市	0.198	10
连云港市	0.192	11
盐城市	0.163	12
宿迁市	0.152	13

排名第一的南京市专利实力指数是宿迁市的5.2倍，突出表现在南京市专利创造效率、专利运用数量、专利行政保护和专利人才环境指标指数远高于宿迁市（见表2-2）。

表2-2　2014年江苏地区专利实力指数

指标	实力指数		实力指数绝对差异	实力指数相对差异
	南京市	宿迁市	南京市-宿迁市	南京市/宿迁市
专利实力	0.785	0.152	0.633	5.2
专利创造效率	0.750	0.048	0.702	15.6
专利运用数量	1.000	0.108	0.892	9.3
专利行政保护	0.741	0.049	0.692	15.1
专利人才环境	0.717	0.017	0.700	42.2

根据2014年专利实力指数，全省13个市划分为四类：

第一类：专利实力指数高于0.6的地区，为南京市、苏州市和无锡市。

第二类：专利实力指数低于0.6，但高于0.4的地区，为南通市、常州市和镇江市。

第三类：专利实力指数低于0.4，但高于0.2的地区，为扬州市、泰州市、徐州市。

第四类：专利实力指数低于0.2的地区，为淮安市、连云港市、盐城市和宿迁市（见图2-1）。

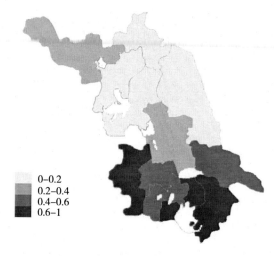

0-0.2
0.2-0.4
0.4-0.6
0.6-1

图2-1 2014年江苏专利实力指数地区分布

第三章　地区专利实力分析

一、地区专利实力一级指标分析

（一）地区专利实力一级指标设计

专利实力指标体系下设4个一级指标：专利创造、专利运用、专利保护、专利环境（见图3-1）。

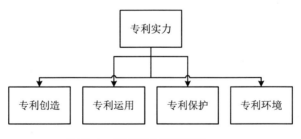

图3-1　专利实力指标设计

（二）地区专利实力一级指标分析

专利创造实力、运用实力、保护实力和环境实力四个一级指标排名前三位均分布在南京市、苏州市和无锡市，全部为苏南城市；后三位除了泰州市，其他全部为苏北城市（见表3-1）。

表3-1　2014年江苏地区专利实力一级指标指数

地区	专利实力		创造		运用		保护		环境	
	指数	排名	指数	排名	指数	排名	指数	排名	指数	排名
南京市	0.785	1	0.784	1	0.783	1	0.795	2	0.774	2
无锡市	0.644	3	0.560	3	0.738	2	0.720	3	0.443	3
徐州市	0.240	9	0.224	9	0.117	10	0.284	10	0.430	4
常州市	0.454	5	0.415	5	0.492	5	0.503	5	0.345	8
苏州市	0.757	2	0.722	2	0.658	3	0.865	1	0.800	1
南通市	0.502	4	0.381	6	0.549	4	0.626	4	0.363	5
连云港市	0.192	11	0.326	7	0.051	13	0.144	13	0.349	7
淮安市	0.198	10	0.173	12	0.056	12	0.376	8	0.164	12
盐城市	0.163	12	0.191	10	0.145	9	0.175	11	0.128	13
扬州市	0.332	7	0.255	8	0.416	7	0.331	9	0.295	9
镇江市	0.419	6	0.458	4	0.457	6	0.385	7	0.350	6
泰州市	0.309	8	0.175	11	0.342	8	0.411	6	0.264	10
宿迁市	0.152	13	0.133	13	0.116	11	0.170	12	0.218	11

　　南京市、无锡市、苏州市、南通市、扬州市和宿迁市专利创造、运用、保护和环境实力发展较为均衡，其次是常州市、镇江市、淮安市和盐城市，而泰州市、徐州市和连云港市则差异显著（见图3-2）。

　　各地区专利创造、运用、保护和环境实力极不均衡，排名第一位与排名第十三位的省辖市，其专利实力指数分别相差0.651、0.732、0.721和0.672。专利运用实力发展不均衡性最为显著，但与去年0.823比较，发展不均衡性有所减弱（见图3-3）。排名第一位至第十三位的省辖市，其专利实力指数呈显著的下降趋势（见图3-4）。

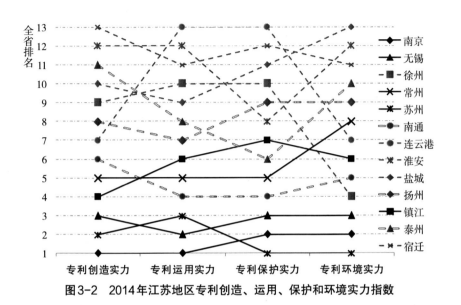

图3-2　2014年江苏地区专利创造、运用、保护和环境实力指数

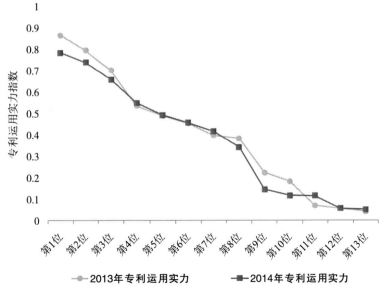

图3-3　2014年江苏地区专利运用实力指数与2013年比较

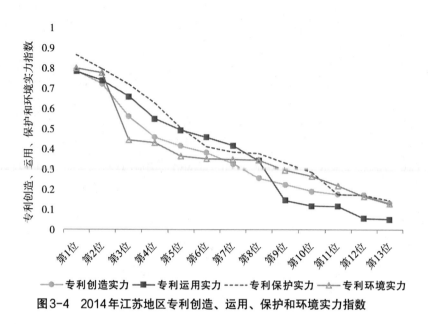

图3-4 2014年江苏地区专利创造、运用、保护和环境实力指数

二、地区专利实力二级指标分析

（一）专利创造二级指标分析

1.指标设计

专利创造指标下设3个二级指标：专利创造数量、专利创造质量、专利创造效率（见图3-5）。

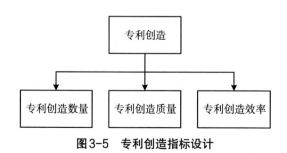

图3-5 专利创造指标设计

续表

2.地区创造实力分析

专利创造数量、创造效率实力前三位分布在南京市、苏州市、无锡市，专利创造质量实力前三位是南京市、连云港市、苏州市，除了连云港市为苏北城市，其他全部为苏南城市。连云港市的专利创造数量和创造效率均不占优势，但创造质量较好，排名全省第二。专利创造数量、创造质量和创造效率实力后三位除了泰州市，其他全部为苏北城市（见表3-2）。泰州市专利创造数量、质量和效率实力依然不占优势，与其经济和社会发展水平不相匹配，主要是由于泰州市科研基础比较薄弱，如驻泰高校和科研单位有效发明专利量、发明专利申请和授权量极少等；但与2013年比较有所提升，专利创造数量实力由第12位提升至第8位，专利创造效率实力由第11位提升至第7位，这与泰州市创新驱动能力不断加强有着密切的关系，2013年，泰州市制定出台了《泰州市发明专利攻坚行动方案》，投入专项经费300万元用于激励发明创造，2014年，培育高新技术企业50家，新增省级以上工程技术研究中心14家、企业技术中心17家、工程中心5家，引进高层次人才2125人、长期外国专家61人等，一系列举措在一定程度上促进了泰州市专利创造水平的提升。

表3-2　2014年江苏专利创造实力及其二级指标指数

地区	专利创造		专利创造数量		专利创造质量		专利创造效率	
	指数	排名	指数	排名	指数	排名	指数	排名
南京市	0.784	1	0.587	2	0.932	1	0.750	1
无锡市	0.560	3	0.445	3	0.595	4	0.597	3
徐州市	0.224	9	0.126	10	0.315	10	0.187	9
常州市	0.415	5	0.256	6	0.468	6	0.462	5
苏州市	0.722	2	0.921	1	0.650	3	0.670	2
南通市	0.381	6	0.351	4	0.407	7	0.372	6
连云港市	0.326	7	0.045	13	0.664	2	0.139	10

地区	专利创造		专利创造数量		专利创造质量		专利创造效率	
	指数	排名	指数	排名	指数	排名	指数	排名
淮安市	0.173	12	0.062	12	0.279	11	0.129	11
盐城市	0.191	10	0.107	11	0.361	8	0.057	12
扬州市	0.255	8	0.208	7	0.343	9	0.188	8
镇江市	0.458	4	0.262	5	0.480	5	0.564	4
泰州市	0.175	11	0.151	8	0.144	13	0.226	7
宿迁市	0.133	13	0.133	9	0.210	12	0.048	13

　　苏南五市（南京市、苏州市、无锡市、常州市和镇江市）、扬州市、淮安市和徐州市专利创造数量、质量和效率实力发展较为均衡，其次是南通市、盐城市和宿迁市，泰州市和连云港市则差异显著（见图3-6）。

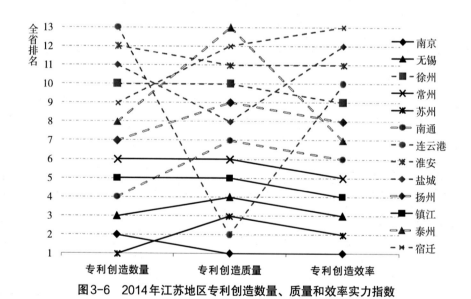

图3-6　2014年江苏地区专利创造数量、质量和效率实力指数

（二）专利运用二级指标分析

1.指标设计

专利运用指标下设2个二级指标：专利运用数量、专利运用效果（见

图3-7）。

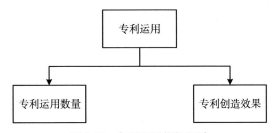

图3-7　专利运用指标设计

2.地区运用实力分析

专利运用数量和效果实力前三位分布在南京市、无锡市、苏州市，全部为苏南城市，专利运用数量实力后三位全部为苏北城市。专利运用数量和效果实力整体趋势的地区特征显著，表现为"苏南高苏北低"（见表3-3）。

表3-3　2014年江苏专利运用实力及其二级指标指数

地区	专利运用		专利运用数量		专利运用效果	
	指数	排名	指数	排名	指数	排名
南京市	0.783	1	1.000	1	0.638	2
无锡市	0.738	2	0.721	2	0.750	1
徐州市	0.117	10	0.087	12	0.137	10
常州市	0.492	5	0.583	6	0.432	6
苏州市	0.658	3	0.702	3	0.628	3
南通市	0.549	4	0.604	5	0.513	5
连云港市	0.051	13	0.001	13	0.084	12
淮安市	0.056	12	0.141	9	0.001	13
盐城市	0.145	9	0.116	10	0.164	8
扬州市	0.416	7	0.433	7	0.404	7
镇江市	0.457	6	0.268	8	0.583	4
泰州市	0.342	8	0.630	4	0.150	9
宿迁市	0.116	11	0.108	11	0.122	11

绝大部分省辖市专利运用数量和效果实力发展较为均衡。镇江市、淮安市和泰州市发展不平衡性最为显著，专利运用数量和效果实力指数排名分别相差4个、4个和5个位次（见图3-8）。

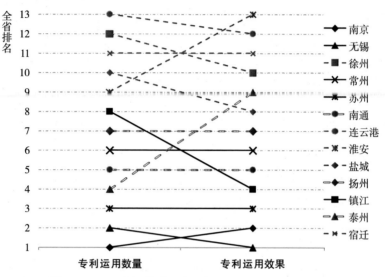

图3-8　2014年江苏地区专利运用数量和效果实力指数

（三）专利保护二级指标分析

1.指标设计

专利保护指标下设2个二级指标：专利行政保护、专利司法保护（见图3-9）。

图3-9　专利保护指标设计

2.地区保护实力分析

专利行政保护和司法保护实力前三位依次是苏州市、南京市、无锡市，均为苏南城市。专利行政保护实力后三位全部为苏北城市，专利司法保护实力后三位包含了苏南、苏中和苏北城市。专利司法保护实力整体趋势的地区特征不显著，镇江市和泰州市的专利司法保护实力不占优势（见表3-4）。

表3-4 2014年江苏专利保护水平及其二级指标指数

地区	专利保护		专利行政保护		专利司法保护	
	指数	排名	指数	排名	指数	排名
南京市	0.795	2	0.741	2	0.875	2
无锡市	0.720	3	0.715	3	0.728	3
徐州市	0.284	10	0.119	11	0.530	4
常州市	0.503	5	0.545	7	0.441	6
苏州市	0.865	1	0.806	1	0.953	1
南通市	0.626	4	0.695	4	0.521	5
连云港市	0.144	13	0.005	13	0.352	7
淮安市	0.376	8	0.487	8	0.211	10
盐城市	0.175	11	0.203	10	0.133	12
扬州市	0.331	9	0.366	9	0.280	9
镇江市	0.385	7	0.625	5	0.025	13
泰州市	0.411	6	0.590	6	0.142	11
宿迁市	0.170	12	0.049	12	0.351	8

南京市、苏州市、无锡市、扬州市、常州市和南通市专利行政保护和司法保护实力发展较为均衡，其次是淮安市、盐城市和宿迁市，泰州市、连云港市、徐州市和镇江市则差异显著（见图3-10）。

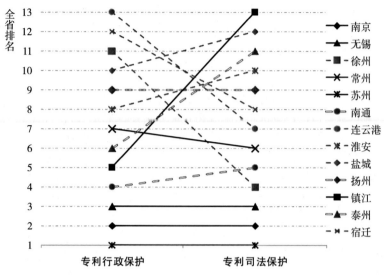

图3-10 2014年江苏地区专利行政保护和司法保护实力指数

（四）专利环境二级指标分析

1.指标设计

专利环境指标下设3个二级指标：专利管理环境、专利服务环境、专利人才环境（见图3-11）。

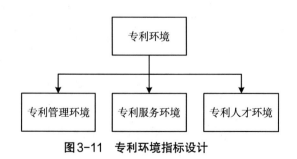

图3-11 专利环境指标设计

2.地区环境实力分析

专利管理环境实力前三位依次是苏州市、南京市、南通市，专利服务环境实力前三位依次是徐州市、南京市、连云港市，专利人才环境实力前三位依次是苏州市、南京市、无锡市，苏北城市徐州市、连云港市专利服务环境排名全省第1和第3，超前于其专利创造能力和经济发展水平。专利服务环境实力不具有明显的地区特征，苏南、苏中和苏北地区省辖市排名具有随机性（见表3-5）。

表3-5　2014年江苏专利环境水平及其二级指标指数

地区	专利环境		专利管理环境		专利服务环境		专利人才环境	
	指数	排名	指数	排名	指数	排名	指数	排名
南京市	0.774	2	0.782	2	0.836	2	0.717	2
无锡市	0.443	3	0.351	7	0.599	5	0.376	3
徐州市	0.430	4	0.399	6	0.910	1	0.051	10
常州市	0.345	8	0.421	5	0.507	7	0.158	5
苏州市	0.800	1	0.901	1	0.754	4	0.770	1
南通市	0.363	5	0.558	3	0.501	8	0.118	8
连云港市	0.349	7	0.212	10	0.808	3	0.057	9
淮安市	0.164	12	0.143	12	0.350	11	0.022	12
盐城市	0.128	13	0.187	11	0.199	13	0.030	11
扬州市	0.295	9	0.282	8	0.496	9	0.137	6
镇江市	0.350	6	0.545	4	0.457	10	0.130	7
泰州市	0.264	10	0.281	9	0.320	12	0.207	4
宿迁市	0.218	11	0.119	13	0.538	6	0.017	13

南京市、淮安市、常州市、盐城市专利管理环境、服务环境和人才环境实力发展较为均衡，其次是苏州市、扬州市、无锡市，南通市、镇江市、连云港市、宿迁市、泰州市和徐州市则差异显著。

苏州市、常州市、镇江市、扬州市、泰州市、盐城市专利管理环境实力和专利人才环境实力均优于专利服务环境实力，苏北四市（不含盐城市）专利服务环境实力均优于专利管理环境实力和专利人才环境实力（见图3-12）。

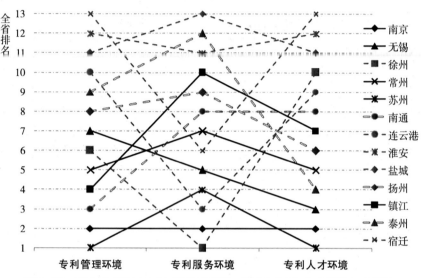

图3-12　2014年江苏地区专利管理环境、服务环境和人才环境实力指数

三、地区专利实力三级指标分析

（一）专利创造三级指标分析

1.专利创造数量指标

（1）指标设计

专利创造数量指标下设4个三级指标：发明专利授权量、PCT国际专利申请量、战略性新兴产业专利授权量、有专利申请高企数占高企总数比例（见图3-13）。

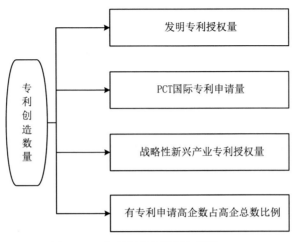

图3-13 专利创造数量指标设计

（2）专利创造数量指标分析

在专利创造数量指标中，发明专利授权量和战略性新兴产业专利授权量前三位均分布在南京市、苏州市、无锡市，全部为苏南城市；PCT国际专利申请量前三位依次是苏州市、南京市、南通市；有专利申请高企数占高企总数比例前三位依次是南通市、镇江市、扬州市，分别属于苏中、苏南和苏中地区（见表3-6）。

表3-6 2014年江苏专利创造数量指标指数

地区	数量指标		发明专利授权量		PCT国际专利申请量		战略性新兴产业专利授权量		有专利申请高企数占高企总数比例	
	指数	排名	指数	排名	指数	排名	指数	排名	指数	排名
南京市	0.587	2	1.000	1	0.354	2	0.813	2	0.001	13
无锡市	0.445	3	0.524	3	0.277	4	0.513	3	0.556	6
徐州市	0.126	10	0.114	7	0.116	6	0.157	6	0.138	11
常州市	0.256	6	0.311	4	0.159	5	0.387	4	0.209	10
苏州市	0.921	1	1.000	2	1.000	1	1.000	1	0.524	7

续表

地区	数量指标		发明专利授权量		PCT国际专利申请量		战略性新兴产业专利授权量		有专利申请高企数占高企总数比例	
	指数	排名	指数	排名	指数	排名	指数	排名	指数	排名
南通市	0.351	4	0.163	6	0.302	3	0.174	5	1.000	1
连云港市	0.045	13	0.036	11	0.043	10	0.019	12	0.093	12
淮安市	0.062	12	0.046	10	0.002	12	0.043	11	0.231	9
盐城市	0.107	11	0.035	12	0.003	11	0.062	10	0.504	8
扬州市	0.208	7	0.073	8	0.080	8	0.114	8	0.829	3
镇江市	0.262	5	0.229	5	0.063	9	0.152	7	0.836	2
泰州市	0.151	8	0.049	9	0.082	7	0.087	9	0.558	5
宿迁市	0.133	9	0.001	13	0.001	13	0.001	13	0.800	4

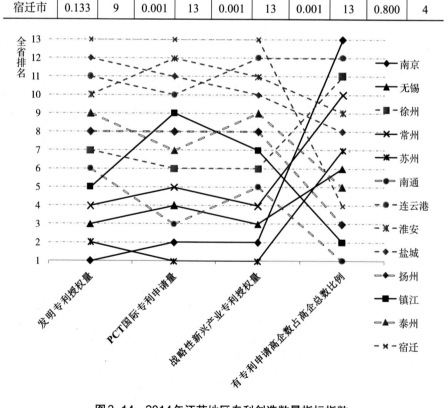

图3-14　2014年江苏地区专利创造数量指标指数

绝大部分省辖市专利创造数量指标——发明专利授权量、PCT国际专利申请量、战略性新兴产业专利授权量和有专利申请高企数占高企总数比例4个指标发展较不均衡，主要原因是受有专利申请高企数占高企总数比例这一指标的影响。由于有专利申请高企的数量相对较少，在不同地区专利申请中发挥的作用不同，使得有专利申请高企数占高企总数比例排名与前三个数量指标差异较大（见图3-14）。

2.专利创造质量指标

（1）指标设计

专利创造质量指标下设5个三级指标：发明专利授权量占比、有发明专利授权企业数占有专利授权企业数比例、高价值专利占授权发明专利比例、发明专利授权率、专利获奖数量（见图3-15）。

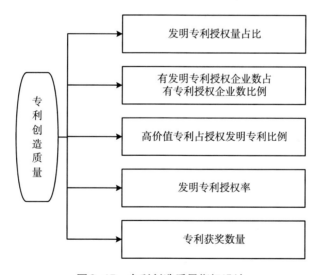

图3-15 专利创造质量指标设计

（2）专利创造质量指标分析

在专利创造质量指标中，5个三级指标指数排名整体趋势均已不具有明显的地区特征。全省各地区紧紧围绕省局部署，将抓专利质量放在更加突出的位置，竞争日趋激烈。最为典型的例子是连云港市和淮安市：连云港市的专利创造数量不占优势，排名全省后三位，但专利创造质量较好，排名第2，具体表现为发明专利授权量占比排名第10、有发明专利授权企业数占有专利授权企业数比例排名第1、高价值专利占授权发明专利比例排名第5、发明专利授权率排名第2、专利获奖数量排名第5；淮安市的专利创造数量指标较弱，排名第12，专利创造质量指标亦落后于大多数省辖市，排名第11，具体表现为发明专利授权量占比排名第9、有发明专利授权企业数占有专利授权企业数比例排名第7、高价值专利占授权发明专利比例排名第13、发明专利授权率排名第6、专利获奖数量排名第13（见表3-7）。随着知识产权大省向知识产权强省转变，提质增效政策及措施的逐步落实，全省提升专利创造质量将会迎来新一轮的大提升。

表3-7 2014年江苏专利创造质量指标指数

地区	质量指标		发明专利授权量占比		有发明专利授权企业数占有专利授权企业数比例		高价值专利占授权发明专利比例		发明专利授权率		专利获奖数量	
	指数	排名	指数	排名	指数	排名	指数	排名	指数	排名	指数	排名
南京市	0.932	1	1.000	1	0.983	2	0.676	7	1.000	1	1.000	1
无锡市	0.595	4	0.381	2	0.937	4	0.624	8	0.470	4	0.657	3
徐州市	0.315	10	0.284	6	0.444	9	0.245	12	0.356	8	0.140	6
常州市	0.468	6	0.348	5	0.597	8	0.726	6	0.406	5	0.119	7
苏州市	0.650	3	0.362	4	0.821	5	1.000	1	0.400	7	0.937	2
南通市	0.407	7	0.262	7	0.821	6	0.489	9	0.231	11	0.231	4
连云港市	0.664	2	0.109	10	1.000	1	0.761	5	0.915	2	0.154	5
淮安市	0.279	11	0.137	9	0.652	7	0.001	13	0.404	6	0.001	13
盐城市	0.361	8	0.186	8	0.320	11	0.900	3	0.253	9	0.035	11
扬州市	0.343	9	0.091	11	0.359	10	0.875	4	0.245	10	0.042	10
镇江市	0.480	5	0.381	3	0.957	3	0.298	11	0.474	3	0.105	8

续表

地区	质量指标		发明专利授权量占比		有发明专利授权企业数占有专利授权企业数比例		高价值专利占授权发明专利比例		发明专利授权率		专利获奖数量	
	指数	排名	指数	排名	指数	排名	指数	排名	指数	排名	指数	排名
泰州市	0.144	13	0.081	12	0.180	12	0.454	10	0.001	13	0.014	12
宿迁市	0.210	12	0.001	13	0.001	13	0.993	2	0.020	12	0.056	9

3.专利创造效率指标

（1）指标设计

专利创造效率指标下设6个三级指标：每万人有效发明专利量、每百双创人才发明专利申请与授权量、每亿元GDP企业发明专利授权量、每千万元研发经费发明专利申请量、战略性新兴产业每百亿元产值有效发明专利量、每亿美元出口额PCT国际专利申请量（见图3-16）。

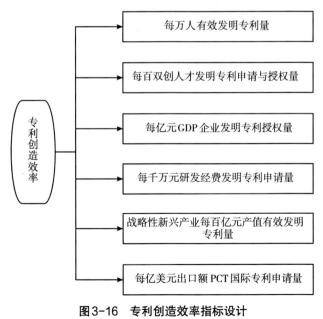

图3-16　专利创造效率指标设计

(2) 专利创造效率指标分析

表3-8 2014年江苏专利创造效率指标指数

地区	效率指标		每万人有效发明专利量		每百双创人才发明专利申请与授权量		每亿元GDP企业发明专利授权量		每千万元研发经费发明专利申请量		战略生新兴产业每百亿元产值有效发明专利量		每亿美元出口额PCT国际专利申请量	
	指数	排名	指数	排名	指数	排名	指数	排名	指数	排名	指数	排名	指数	排名
南京市	0.750	1	1.000	1	0.344	4	0.573	4	0.904	3	1.000	1	0.357	6
无锡市	0.597	3	0.719	3	0.548	2	0.719	2	0.832	4	0.234	5	0.162	9
徐州市	0.187	9	0.069	10	0.199	6	0.083	10	0.108	12	0.001	11	1.000	1
常州市	0.462	5	0.534	4	0.021	12	0.606	3	0.678	5	0.421	3	0.220	8
苏州市	0.670	2	0.725	2	0.486	3	1.000	1	1.000	1	0.241	4	0.126	10
南通市	0.372	6	0.438	6	0.259	5	0.298	6	0.221	10	0.486	2	0.470	3
连云港市	0.139	10	0.082	9	0.042	11	0.143	8	0.148	11	/	/	0.387	4
淮安市	0.129	11	0.043	11	0.087	10	0.066	11	0.662	7	/	/	0.021	11
盐城市	0.057	12	0.041	12	0.174	7	0.051	12	0.001	13	0.119	7	0.001	13
扬州市	0.188	8	0.157	7	0.148	9	0.175	7	0.253	9	0.057	8	0.374	5
镇江市	0.564	4	0.495	5	1.000	1	0.534	5	0.957	2	0.224	6	0.341	7
泰州市	0.226	7	0.141	8	0.152	8	0.129	9	0.669	6	0.026	9	0.502	2
宿迁市	0.048	13	0.001	13	0.001	13	0.001	13	0.404	8	0.021	10	0.007	12

注：表格中"/"表示该数据无法采集。

在专利创造效率指标中，每万人有效发明专利量、每百双创人才发明专利申请与授权量、每亿元GDP企业发明专利授权量、每千万元研发经费发明专利申请量4个三级指标指数排名整体趋势均具有较为明显的地区特征。这4个三级指标前三位均为苏南城市，每万人有效发明专利量前三位依次是南京市、苏州市、无锡市，每百双创人才发明专利申请与授权量前三位依次是镇江市、无锡市、苏州市，每亿元GDP企业发明专利授权量前三位依次是苏州市、无锡市、常州市，每千万元研发经费发明专利申请量前三位依次是苏州市、镇江市、南京市。每万人有效发明专利量、每亿元GDP企业发明专利授权量、每千万元研发经费发明专利申请量后三位均为苏北城市（见表3-8）。

每亿美元出口额PCT国际专利申请量前三位依次是徐州市、泰州市、南通市，后三位依次是淮安市、宿迁市、盐城市，除泰州市和南通市，全部为苏北城市，苏北五市在该指标的排名上有明显差异（见图3-17）。

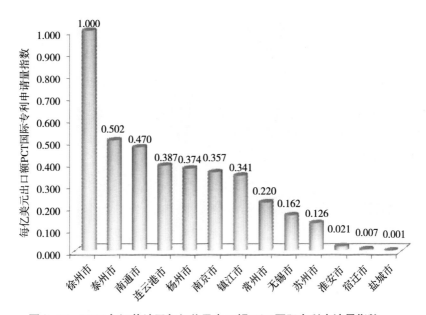

图3-17　2014年江苏地区每亿美元出口额PCT国际专利申请量指数

（二）专利运用三级指标分析

1.专利运用数量指标

（1）指标设计

专利运用数量指标下设2个三级指标：专利实施许可合同备案量、专利实施许可合同备案涉及专利量（见图3-18）。

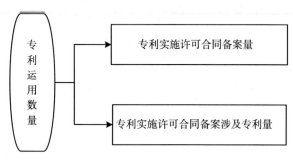

图3-18　专利运用数量指标设计

（2）专利运用数量指标分析

在专利运用数量指标中，专利实施许可合同备案量和专利实施许可合同备案涉及专利量指标指数排名整体趋势具有显著的地区特征，表现为"苏南高苏北低"的特点，这与目前我省专利运用发展现状相匹配。专利实施许可合同备案量前三位依次是南京市、无锡市、苏州市，专利实施许可合同备案涉及专利量前三位依次是南京市、泰州市、苏州市，除泰州市，全部为苏南城市。专利实施许可合同备案量和专利实施许可合同备案涉及专利量后三位均为苏北城市（见表3-9）。

表3-9　2014年江苏专利运用数量指标指数

地区	数量指标		专利实施许可合同 备案量		专利实施许可合同 备案涉及专利量	
	指数	排名	指数	排名	指数	排名
南京市	1.000	1	1.000	1	1.000	1

地区	数量指标		专利实施许可合同备案量		专利实施许可合同备案涉及专利量	
	指数	排名	指数	排名	指数	排名
无锡市	0.721	2	0.634	2	0.809	4
徐州市	0.087	12	0.074	12	0.099	12
常州市	0.583	6	0.500	5	0.667	6
苏州市	0.702	3	0.550	3	0.855	3
南通市	0.604	5	0.505	4	0.703	5
连云港市	0.001	13	0.001	13	0.001	13
淮安市	0.141	9	0.084	10	0.198	9
盐城市	0.116	10	0.104	9	0.129	11
扬州市	0.433	7	0.332	6	0.535	7
镇江市	0.268	8	0.252	8	0.284	8
泰州市	0.630	4	0.332	6	0.927	2
宿迁市	0.108	11	0.084	10	0.132	10

2.专利运用效果指标

（1）指标设计

专利运用效果指标下设3个三级指标：专利运营和转化实施项目数、重大科技成果转化项目数、专利质押融资金额（见图3-19）。

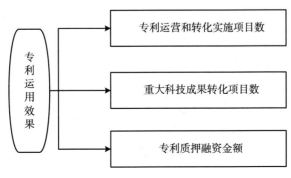

图3-19 专利运用效果指标设计

（2）专利运用效果指标分析

在专利运用效果指标中，3 个三级指标指数排名整体趋势均具有较为明显的地区特征。专利运营和转化实施项目数前三位依次是南京市、苏州市、镇江市，重大科技成果转化项目数前三位依次是无锡市、苏州市、常州市，专利质押融资金额前三位依次是无锡市、南通市、镇江市，除南通市，全部为苏南城市；3 个三级指标指数排名后三位大部分为苏北城市（见表 3-10）。目前，全省共有南京市、无锡市、常州市、苏州市、连云港市、镇江市、泰州市和宿迁市 8 个市有专利运营和转化实施项目。2014年，省知识产权局采取措施，鼓励各地区专利运营和转化实施，例如江苏省专利实施计划首次增设专利运营类项目，遴选 10 家专利运营机构进行补贴奖励，支持其开展专利运营，2014 年运营收入达到 1.3 亿元；省知识产权局委托新加坡国立大学苏州研究院举办了针对专利实施计划项目承担单位的首期专利运营培训班，针对技术转化流程、技术交底书撰写、知识产权财务管理、知识产权投资策略等内容进行培训。

表 3-10　2014 年江苏专利运用效果指标指数

地区	效果指标		专利运营和转化实施项目数		重大科技成果转化项目数		专利质押融资金额	
	指数	排名	指数	排名	指数	排名	指数	排名
南京市	0.638	2	1.000	1	0.571	6	0.342	7
无锡市	0.750	1	0.250	4	1.000	1	1.000	1
徐州市	0.137	10	0.001	9	0.001	9	0.410	6
常州市	0.432	6	0.250	4	0.714	3	0.331	8
苏州市	0.628	3	0.750	2	0.929	2	0.206	9
南通市	0.513	5	0.001	9	0.643	4	0.895	2
连云港市	0.084	12	0.250	4	0.001	9	0.003	12
淮安市	0.001	13	0.001	9	0.001	9	0.001	13
盐城市	0.164	8	0.001	9	0.001	9	0.492	5

续表

地区	效果指标		专利运营和转化实施项目数		重大科技成果转化项目数		专利质押融资金额	
	指数	排名	指数	排名	指数	排名	指数	排名
扬州市	0.404	7	0.001	9	0.643	4	0.570	4
镇江市	0.583	4	0.750	2	0.357	7	0.641	3
泰州市	0.150	9	0.250	4	0.001	9	0.199	10
宿迁市	0.122	11	0.250	4	0.071	8	0.045	11

（三）专利保护三级指标分析

1.专利行政保护指标

（1）指标设计

专利行政保护指标下设3个三级指标：查处专利侵权纠纷和假冒专利案件量、正版正货承诺企业数量、维权援助中心举报投诉受理量（见图3-20）。

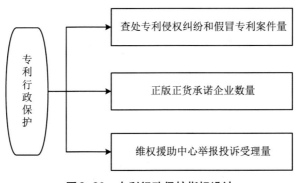

图3-20　专利行政保护指标设计

（2）专利行政保护指标分析

在专利行政保护指标中，3个三级指标指数排名整体趋势均不具有明显的地区特征。查处专利侵权纠纷和假冒专利案件量前三位依次是苏州市、常州市、南通市，正版正货承诺企业数量前三位依次是淮安市、无锡市、南京市，涵盖了苏南、苏中和苏北城市。淮安市正版正货承诺工作走

在了全省前列，正版正货承诺企业数量排名全省第一。苏北地区专利行政
保护实力较弱，查处专利侵权纠纷和假冒专利案件量、正版正货承诺企业
数量后三位均为苏北城市（见表3-11）。目前，全省开展维权援助中心举
报投诉受理工作的有9个市，相比去年，今年新增了徐州市、淮安市、盐
城市3个市，新增城市全部是苏北城市，打破了去年苏北地区无省辖市开
展维权援助中心举报投诉受理工作的状况。

表3-11　2014年江苏专利行政保护指标指数

地区	行政保护指标		查处专利侵权纠纷和假冒专利案件量		正版正货承诺企业数量		维权援助中心举报投诉受理量	
	指数	排名	指数	排名	指数	排名	指数	排名
南京市	0.741	2	0.666	6	0.841	3	/	/
无锡市	0.715	3	0.605	7	0.977	2	0.542	5
徐州市	0.119	11	0.217	9	0.068	10	0.001	9
常州市	0.545	7	0.857	2	0.284	8	0.313	8
苏州市	0.806	1	1.000	1	0.750	4	0.500	6
南通市	0.695	4	0.792	3	0.364	5	1.000	1
连云港市	0.005	13	0.001	13	0.011	12	/	/
淮安市	0.487	8	0.105	10	1.000	1	0.479	7
盐城市	0.203	10	0.096	11	0.023	11	0.688	4
扬州市	0.366	9	0.393	8	0.330	6	/	/
镇江市	0.625	5	0.680	5	0.330	6	0.958	2
泰州市	0.590	6	0.757	4	0.205	9	0.833	3
宿迁市	0.049	12	0.086	12	0.001	13	/	/

注：表格中"/"表示该市没有设置知识产权维权援助中心。

2.专利司法保护指标

（1）指标设计

专利司法保护指标下设2个三级指标：法院审结知识产权民事一审案
件量、法院审结"三审合一"知识产权刑事试点案件量（见图3-21）。

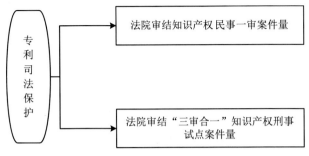

图3-21　专利司法保护指标设计

（2）专利司法保护指标分析

在专利司法保护指标中，2个三级指标指数排名整体趋势地区特征不明显。法院审结知识产权民事一审案件量前三位依次是南京市、苏州市、南通市，法院审结"三审合一"知识产权刑事试点案件量前三位依次是无锡市、徐州市、苏州市。镇江市司法保护指标不占优势，表现为法院审结知识产权民事一审案件量排名第11和法院审结"三审合一"知识产权刑事试点案件量排名第13，在一定程度上说明镇江市专利司法保护水平还有很大的上升空间（见表3-12）。

表3-12　2014年江苏专利司法保护指标指数

地区	司法保护指标		法院审结知识产权民事一审案件量		法院审结"三审合一"知识产权刑事试点案件量	
	指数	排名	指数	排名	指数	排名
南京市	0.875	2	1.000	1	0.750	4
无锡市	0.728	3	0.456	4	1.000	1
徐州市	0.530	4	0.092	8	0.969	2
常州市	0.441	6	0.382	5	0.500	8
苏州市	0.953	1	0.984	2	0.922	3
南通市	0.521	5	0.495	3	0.547	7
连云港市	0.352	7	0.001	13	0.703	5
淮安市	0.211	10	0.031	12	0.391	10

续表

地区	司法保护指标		法院审结知识产权民事一审案件量		法院审结"三审合一"知识产权刑事试点案件量	
	指数	排名	指数	排名	指数	排名
盐城市	0.133	12	0.063	10	0.203	11
扬州市	0.280	9	0.137	6	0.422	9
镇江市	0.025	13	0.049	11	0.001	13
泰州市	0.142	11	0.081	9	0.203	11
宿迁市	0.351	8	0.123	7	0.578	6

（四）专利环境三级指标分析

1.专利管理环境指标

（1）指标设计

专利管理环境指标下设4个三级指标：知识产权专项经费投入，知识产权管理机构人员数、省实施知识产权战略试点示范县（市、区），园区数，企业知识产权管理标准化和战略推进计划数（见图3-22）。

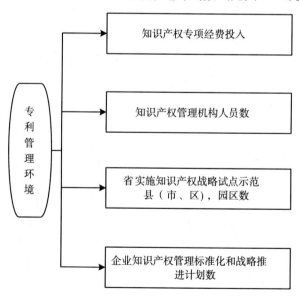

图3-22　专利管理环境指标设计

（2）专利管理环境指标分析

在专利管理环境指标中，4个三级指标指数排名整体趋势均不具有明显的地区特征，知识产权专项经费投入前三位依次是苏州市、南通市、无锡市，知识产权管理机构人员数前三位依次是南京市、苏州市、徐州市，省实施知识产权战略试点示范县（市、区)，园区数前三位依次是苏州市、南通市、南京市，企业知识产权管理标准化和战略推进计划数前三位依次是南京市、镇江市、苏州市，4个三级指标指数排名后三位涵盖了苏中和苏北城市。值得注意的是，南通市知识产权专项经费投入和省实施知识产权战略试点示范县（市、区)，园区数指标指数分别排名全省第2和第1，但企业知识产权管理标准化和战略推进计划数排名全省第10，这在一定程度上说明南通市在企业知识产权管理标准化示范创建和企业知识产权战略推进方面还有较大的提升空间（见表3-13）。

表3-13　2014年江苏专利管理环境指标指数

地区	管理指标		知识产权专项经费投入		知识产权管理机构人员数		省实施知识产权战略试点示范县(市、区),园区数		企业知识产权管理标准化和战略推进计划数	
	指数	排名	指数	排名	指数	排名	指数	排名	指数	排名
南京市	0.782	2	0.241	4	1.000	1	0.889	3	1.000	1
无锡市	0.351	7	0.384	3	0.381	10	0.222	10	0.417	6
徐州市	0.399	6	0.081	7	0.833	3	0.667	4	0.014	12
常州市	0.421	5	0.132	6	0.595	6	0.333	8	0.625	4
苏州市	0.901	1	1.000	1	0.881	2	1.000	1	0.722	3
南通市	0.558	3	0.520	2	0.643	5	1.000	1	0.069	10
连云港市	0.212	10	0.001	12	0.405	9	0.444	6	0.001	13
淮安市	0.143	12	0.001	13	0.476	7	0.001	13	0.097	9

续表

地区	管理指标		知识产权专项经费投入		知识产权管理机构人员数		省实施知识产权战略试点示范县（市、区），园区数		企业知识产权管理标准化和战略推进计划数	
	指数	排名	指数	排名	指数	排名	指数	排名	指数	排名
盐城市	0.187	11	0.036	10	0.310	12	0.333	8	0.069	10
扬州市	0.282	8	0.017	11	0.333	11	0.556	5	0.222	8
镇江市	0.545	4	0.155	5	0.690	4	0.444	6	0.889	2
泰州市	0.281	9	0.078	8	0.476	7	0.111	11	0.458	5
宿迁市	0.119	13	0.060	9	0.001	13	0.111	11	0.306	7

2.专利服务环境指标

（1）指标设计

专利服务环境指标下设3个三级指标：每万件专利申请拥有知识产权服务机构数、专利申请代理率、专利电子申请率（见图3-23）。

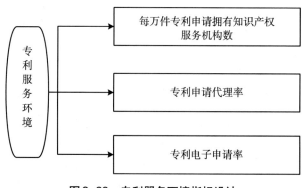

图3-23　专利服务环境指标设计

（2）专利服务环境指标分析

宿迁市的"二率"指标专利申请代理率和专利电子申请率均排名全省第3，虽然存在专利申请总量较少的影响，但也在一定程度上说明宿迁市的专利服务环境较好（见表3-14）。

表3-14　2014年江苏专利服务环境指标指数

地区	服务指标		每万件专利申请拥有知识产权服务机构数		专利申请代理率		专利电子申请率	
	指数	排名	指数	排名	指数	排名	指数	排名
南京市	0.836	2	0.918	2	0.704	10	0.724	8
无锡市	0.599	5	0.513	6	0.859	5	0.597	10
徐州市	0.910	1	1.000	1	0.843	7	0.708	9
常州市	0.507	7	0.241	10	0.996	2	0.816	7
苏州市	0.754	4	0.706	4	0.833	8	0.820	6
南通市	0.501	8	0.576	5	0.555	11	0.223	12
连云港市	0.808	3	0.758	3	0.919	4	0.845	5
淮安市	0.350	11	0.001	13	0.853	6	0.898	4
盐城市	0.199	13	0.331	7	0.001	13	0.001	13
扬州市	0.496	9	0.307	8	1.000	1	0.560	11
镇江市	0.457	10	0.183	11	0.777	9	0.960	2
泰州市	0.320	12	0.109	12	0.274	12	1.000	1
宿迁市	0.538	6	0.263	9	0.959	3	0.943	3

在专利服务环境指标中，每万件专利申请拥有知识产权服务机构数、专利申请代理率、专利电子申请率3个三级指标指数排名整体趋势均不具有明显的地区特征，苏南、苏中和苏北地区省辖市排名具有随机性（见图3-24~图3-26）。

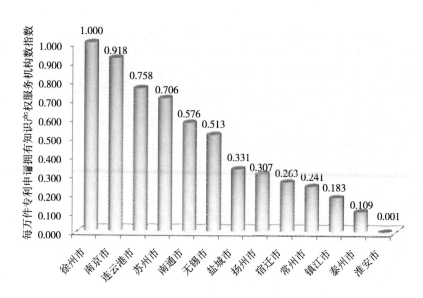

图3-24　2014年江苏地区每万件专利申请拥有知识产权服务机构数指数

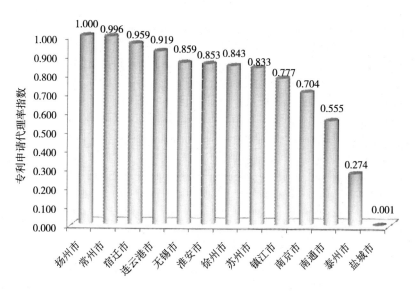

图3-25　2014年江苏地区专利申请代理率指数

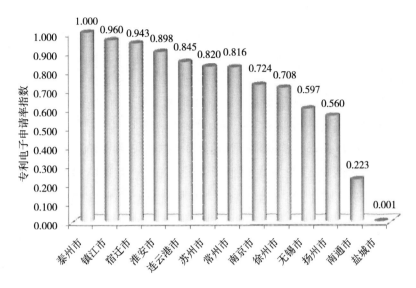

图3-26　2014年江苏地区专利电子申请率指数

3.专利人才环境指标

（1）指标设计

专利人才环境指标下设5个三级指标：知识产权专业人才培训人数、知识产权工程师评定人数、通过全国专利代理人资格考试人数、知识产权高级人才数、有专利申请和授权的双创人才数（见图3-27）。

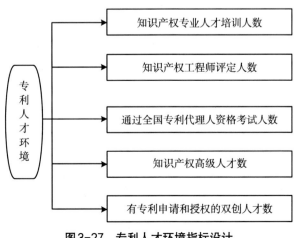

图3-27　专利人才环境指标设计

（2）专利人才环境指标分析

在专利人才环境指标中，5个三级指标指数排名整体趋势均具有比较明显的地区特征。知识产权专业人才培训人数、通过全国专利代理人资格考试人数、有专利申请和授权的双创人才数前三位分布在苏州市、南京市、无锡市，知识产权工程师评定人数前三位依次是南京市、泰州市、无锡市，知识产权高级人才数前三位依次是南京市、苏州市、镇江市，除泰州市，全部为苏南城市。5个三级指标指数排名后三位绝大部分是苏北城市（见表3-15）。这说明全省各类知识产权人才主要汇聚在南京、苏州、无锡、镇江等经济较发达的苏南地区，苏北等经济欠发达地区，应采取各种措施培养、吸收、引进知识产权专业人才，改善专利发展的软环境，进一步促进专利事业的发展。

表3-15　2014年江苏专利人才环境指标指数

地区	人才指标		知识产权专业人才培训人数		知识产权工程师评定人数		通过全国专利代理人资格考试人数		知识产权高级人才数		有专利申请和授权的双创人才数	
	指数	排名	指数	排名	指数	排名	指数	排名	指数	排名	指数	排名
南京市	0.717	2	0.488	3	1.000	1	0.693	2	1.000	1	0.426	2
无锡市	0.376	3	0.809	2	0.640	3	0.187	3	0.036	4	0.397	3
徐州市	0.051	10	0.088	8	0.001	12	0.079	6	0.001	9	0.059	9
常州市	0.158	5	0.474	4	0.001	12	0.162	4	0.036	4	0.118	7
苏州市	0.770	1	1.000	1	0.480	5	1.000	1	0.143	2	1.000	1
南通市	0.118	8	0.100	7	0.320	6	0.062	7	0.001	9	0.162	5
连云港市	0.057	9	0.026	11	0.240	7	0.021	10	0.036	4	0.001	13
淮安市	0.022	12	0.001	13	0.080	8	0.001	13	0.036	4	0.015	12

地区	人才指标		知识产权专业人才培训人数		知识产权工程师评定人数		通过全国专利代理人资格考试人数		知识产权高级人才数		有专利申请和授权的双创人才数	
	指数	排名	指数	排名	指数	排名	指数	排名	指数	排名	指数	排名
盐城市	0.030	11	0.050	10	0.040	10	0.008	11	0.001	9	0.074	8
扬州市	0.137	6	0.073	9	0.520	4	0.033	8	0.001	9	0.162	5
镇江市	0.130	7	0.234	5	0.080	8	0.095	5	0.071	3	0.206	4
泰州市	0.207	4	0.157	6	0.960	2	0.029	9	0.036	4	0.029	10
宿迁市	0.017	13	0.023	12	0.040	10	0.004	12	0.001	9	0.029	10

第四章　地区专利实力分项指标分析

一、南京市专利实力分项指标分析

南京市专利实力最强，专利实力指数达0.785，排名升为全省第1。如图4-1所示，南京市专利创造、专利运用、专利保护和专利环境四个指标发展比较均衡，与2013年比较，专利保护实力有很大提升。

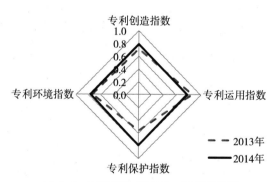

图4-1　南京市专利实力一级指标指数

南京市专利保护指标指数最高，为0.795，排名全省第2，与2013年比较，提升了1个位次，但三级指标查处专利侵权纠纷和假冒专利案件量指数为0.666，排名全省第6，与2013年比较，下降了1个位次，南京市在查处专利侵权纠纷和假冒专利案件方面还有较大的提升空间。专利环境指标指数最低，为0.774，仍然排名全省第2，但三级指标专利申请代理率、专利电子申请率指标指数不占优势，分别排名全省第10、第8，反映出南京市专利申请过程中，专业的专利代理资源和便捷的网络申报方法没有被充分利用。专利电子申请率排名与2013年比较，提升了2个位次（见表4-1）。

表4-1　南京市专利实力分项指标指数

指标	2013年		2014年	
	指数	排名	指数	排名
专利实力指数	0.721	2	0.785	1
专利创造	0.713	2	0.784	1
数量	0.661	2	0.587	2
发明专利授权量	1.000	1	1.000	1
PCT国际专利申请量	0.426	3	0.354	2
战略性新兴产业专利授权量	0.797	2	0.813	2
有专利申请高企数占高企总数比例	0.422	11	0.001	13
质量	0.738	1	0.932	1
发明专利授权量占比	1.000	1	1.000	1
有发明专利授权企业数占有专利授权企业数比例	0.819	2	0.983	2
高价值专利占授权发明专利比例	0.617	2	0.676	7
发明专利授权率	/	/	1.000	1
专利获奖数量	1.000	1	1.000	1
效率	0.739	1	0.750	1
每万人有效发明专利量	1.000	1	1.000	1
每百双创人才发明专利申请与授权量	/	/	0.344	4
每亿元GDP企业发明专利授权量	0.571	3	0.573	4
每千万元研发经费发明专利申请量	/	/	0.904	3

续表

指标	2013年		2014年	
	指数	排名	指数	排名
战略性新兴产业每百亿元产值有效发明专利量	/	/	1.000	1
每亿美元出口额PCT国际专利申请量	/	/	0.357	6
专利运用	**0.865**	**1**	**0.783**	**1**
数量	1.000	1	1.000	1
专利实施许可合同备案量	1.000	1	1.000	1
专利实施许可合同备案涉及专利量	/	/	1.000	1
效果	0.729	3	0.638	2
专利运营和转化实施项目数	1.000	1	1.000	1
重大科技成果转化项目数	0.792	3	0.571	6
专利质押融资金额	0.394	6	0.342	7
专利保护	**0.566**	**3**	**0.795**	**2**
行政保护	0.363	8	0.741	2
查处专利侵权纠纷和假冒专利案件量	0.294	5	0.666	6
正版正货承诺企业数量	0.794	2	0.841	3
维权援助中心举报投诉受理量	0.000	7	/	/
司法保护	0.769	2	0.875	2
法院审结知识产权民事一审案件量	0.974	2	1.000	1
法院审结"三审合一"知识产权刑事试点案件量	0.563	2	0.750	4
专利环境	**0.739**	**2**	**0.774**	**2**
管理	0.629	2	0.782	2
知识产权专项经费投入	0.144	6	0.241	4
知识产权管理机构人员数	/	/	1.000	1
省实施知识产权战略试点示范县(市、区),园区数	0.778	3	0.889	3
企业知识产权管理标准化和战略推进计划数	0.593	3	1.000	1
服务	0.803	2	0.836	2
每万件专利申请拥有知识产权服务机构数	1.000	1	0.918	2
专利申请代理率	0.669	10	0.704	10

续表

指标	2013年		2014年	
	指数	排名	指数	排名
专利电子申请率	0.741	10	0.724	8
人才	0.786	1	0.717	2
知识产权专业人才培训人数	0.519	3	0.488	3
知识产权工程师评定人数	0.957	2	1.000	1
通过全国专利代理人资格考试人数	1.000	1	0.693	2
知识产权高级人才数	1.000	1	1.000	1
有专利申请和授权的双创人才数	0.453	3	0.426	2

专利创造数量指标下有专利申请高企数占高企总数比例指数排名落入后三位，专利创造质量指标下高价值专利占授权发明专利比例和创造效率指标下每亿美元出口额 PCT 国际专利申请量不占优势，分别排名全省第7、第6。专利运用效果指标下重大科技成果转化项目数和专利质押融资金额不占优势，分别排名全省第6、第7。为进一步提高专利实力，南京市应继续鼓励硬件优势和软件优势兼备的高新技术企业加大研发投入，开展专利申请的培育、指导服务，引导各类创新主体申请创新程度高、技术含量大、有市场价值的专利，培育高价值专利，促进专利创造量质并举，齐头迈进；鼓励商业资本进入专利质押融资领域，对重大科技项目给予政策支持和资金支持，推动专利及项目运营及转化实施。

二、无锡市专利实力分项指标分析

无锡市专利实力较强，专利实力指数达0.644，仍然排名全省第3。如图4-2所示，无锡市专利创造、专利运用、专利保护和专利环境四个指标发展不均衡，与2013年比较，专利环境实力有所下降。

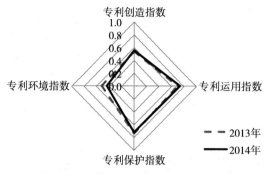

图4-2 无锡市专利实力一级指标指数

　　无锡市专利运用指标指数最高，为0.738，排名全省第2，与2013年比较，提升了1个位次，三级指标中，专利运营和转化实施项目数指标指数为0.250，排名全省第4，与2013年比较，下降了3个位次。专利环境指标指数最低，为0.443，仍然排名全省第3，三级指标中，知识产权管理机构人员数、省实施知识产权战略试点示范县（市、区)，园区数、专利电子申请率指标指数较低，分别是0.381、0.222和0.597，均排名全省第10，反映了无锡市知识产权管理人员相对较少、便捷的专利网络申请方法没有被充分利用以及战略试点示范工作不够深入等问题。值得注意的是，二级指标专利服务环境和三级指标每万件专利申请拥有知识产权服务机构数指标指数分别为0.599和0.513，分别排名全省第5、第6，与2013年比较，均上升了6个位次（见表4-2）。

表4-2 无锡市专利实力分项指标指数

指标	2013年		2014年	
	指数	排名	指数	排名
专利实力指数	0.625	3	0.644	3
专利创造	0.535	3	0.560	3
数量	0.599	3	0.445	3

续表

指标	2013年		2014年	
	指数	排名	指数	排名
发明专利授权量	0.567	3	0.524	3
PCT国际专利申请量	0.435	2	0.277	4
战略性新兴产业专利授权量	0.624	3	0.513	3
有专利申请高企数占高企总数比例	0.771	5	0.556	6
质量	0.499	3	0.595	4
发明专利授权量占比	0.231	3	0.381	2
有发明专利授权企业数占有专利授权企业数比例	0.814	3	0.937	4
高价值专利占授权发明专利比例	0.407	3	0.624	8
发明专利授权率	/	/	0.470	4
专利获奖数量	0.235	4	0.657	3
效率	0.508	3	0.597	3
每万人有效发明专利量	0.703	2	0.719	3
每百双创人才发明专利申请与授权量	/	/	0.548	2
每亿元GDP企业发明专利授权量	0.826	2	0.719	2
每千万元研发经费发明专利申请量	/	/	0.832	4
战略性新兴产业每百亿元产值有效发明专利量	/	/	0.234	5
每亿美元出口额PCT国际专利申请量	/	/	0.162	9
专利运用	**0.701**	**3**	**0.738**	**2**
数量	0.572	3	0.721	2
专利实施许可合同备案量	0.572	3	0.634	2
专利实施许可合同备案涉及专利量	/	/	0.809	4
效果	0.829	1	0.750	1
专利运营和转化实施项目数	1.000	1	0.250	4
重大科技成果转化项目数	0.875	2	1.000	1
专利质押融资金额	0.613	2	1.000	1
专利保护	**0.737**	**1**	**0.720**	**3**

续表

指标	2013年		2014年	
	指数	排名	指数	排名
行政保护	0.578	3	0.715	3
查处专利侵权纠纷和假冒专利案件量	0.276	6	0.605	7
正版正货承诺企业数量	0.746	3	0.977	2
维权援助中心举报投诉受理量	0.711	3	0.542	5
司法保护	0.896	1	0.728	3
法院审结知识产权民事一审案件量	0.792	3	0.456	4
法院审结"三审合一"知识产权刑事试点案件量	1.000	1	1.000	1
专利环境	**0.525**	**3**	**0.443**	**3**
管理	0.510	4	0.351	7
知识产权专项经费投入	0.494	2	0.384	3
知识产权管理机构人员数	/	/	0.381	10
省实施知识产权战略试点示范县（市、区），园区数	0.333	10	0.222	10
企业知识产权管理标准化和战略推进计划数	0.547	4	0.417	6
服务	0.570	11	0.599	5
每万件专利申请拥有知识产权服务机构数	0.048	12	0.513	6
专利申请代理率	0.968	2	0.859	5
专利电子申请率	0.693	11	0.597	10
人才	0.495	3	0.376	3
知识产权专业人才培训人数	0.639	2	0.809	2
知识产权工程师评定人数	1.000	1	0.640	3
通过全国专利代理人资格考试人数	0.247	3	0.187	3
知识产权高级人才数	0.067	4	0.036	4
有专利申请和授权的双创人才数	0.520	2	0.397	3

与苏州市比较，无锡市的专利质押融资金额、发明专利授权率和专利申请代理率占优势，排名分别领先 8 个、3 个和 3 个位次。与常州市比较，

无锡市绝大部分指标具有优势，个别指标相对较弱，查处专利侵权纠纷和假冒专利案件量、知识产权管理机构人员数、专利申请代理率和专利电子申请率排名较常州市分别落后5个、4个、3个和3个位次。

三、徐州市专利实力分项指标分析

徐州市专利实力指数为0.240，仍然排名全省第9。如图4-3所示，徐州市专利创造、专利运用、专利保护和专利环境四个指标发展不均衡，与2013年比较，专利保护实力有所提升。

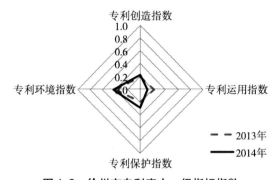

图4-3　徐州市专利实力一级指标指数

徐州市专利环境指标指数最高，为0.430，排名全省第4，与2013年比较，提升了3个位次。徐州市专利创造、专利运用和专利保护指标指数均较低，依次是0.224、0.117和0.284，分别排名全省第9、第10、第10。徐州市的37个专利实力三级指标中，排名全省前三位的仅4个，依次是专利创造效率指标下的每亿美元出口额PCT国际专利申请量、专利司法保护指标下的法院审结"三审合一"知识产权刑事试点案件量、专利管理环境指标下的知识产权管理机构人员数和专利服务环境指标下的每万件专利申请拥有知识产权服务机构数（见表4-3）。

表4-3　徐州市专利实力分项指标指数

指标	2013年		2014年	
	指数	排名	指数	排名
专利实力指数	0.254	9	0.240	9
专利创造	0.198	9	0.224	9
数量	0.224	8	0.126	10
发明专利授权量	0.107	7	0.114	7
PCT国际专利申请量	0.103	7	0.116	6
战略性新兴产业专利授权量	0.179	6	0.157	6
有专利申请高企数占高企总数比例	0.506	9	0.138	11
质量	0.236	8	0.315	10
发明专利授权量占比	0.166	9	0.284	6
有发明专利授权企业数占有专利授权企业数比例	0.252	12	0.444	9
高价值专利占授权发明专利比例	0.037	9	0.245	12
发明专利授权率	/	/	0.356	8
专利获奖数量	0.206	5	0.140	6
效率	0.133	12	0.187	9
每万人有效发明专利量	0.066	10	0.069	10
每百双创人才发明专利申请与授权量	/	/	0.199	6
每亿元GDP企业发明专利授权量	0.112	10	0.083	10
每千万元研发经费发明专利申请量	/	/	0.108	12
战略性新兴产业每百亿元产值有效发明专利量	/	/	0.001	11
每亿美元出口额PCT国际专利申请量	/	/	1.000	1
专利运用	0.223	9	0.117	10
数量	0.168	9	0.087	12
专利实施许可合同备案量	0.168	9	0.074	12
专利实施许可合同备案涉及专利量	/	/	0.099	12
效果	0.277	10	0.137	10

指标	2013年		2014年	
	指数	排名	指数	排名
专利运营和转化实施项目数	0.500	8	0.001	9
重大科技成果转化项目数	0.250	8	0.001	9
专利质押融资金额	0.080	10	0.410	6
专利保护	**0.194**	**10**	**0.284**	**10**
行政保护	0.070	11	0.119	11
查处专利侵权纠纷和假冒专利案件量	0.132	8	0.217	9
正版正货承诺企业数量	0.079	12	0.068	10
维权援助中心举报投诉受理量	0.000	7	0.001	9
司法保护	0.318	5	0.530	4
法院审结知识产权民事一审案件量	0.241	6	0.092	8
法院审结"三审合一"知识产权刑事试点案件量	0.394	5	0.969	2
专利环境	**0.402**	**7**	**0.430**	**4**
管理	0.413	6	0.399	6
知识产权专项经费投入	0.071	8	0.081	7
知识产权管理机构人员数	/	/	0.833	3
省实施知识产权战略试点示范县（市、区），园区数	0.556	5	0.667	4
企业知识产权管理标准化和战略推进计划数	0.193	10	0.014	12
服务	0.714	4	0.910	1
每万件专利申请拥有知识产权服务机构数	0.485	4	1.000	1
专利申请代理率	0.702	8	0.843	7
专利电子申请率	0.956	2	0.708	9
人才	0.078	10	0.051	10
知识产权专业人才培训人数	0.031	10	0.088	8
知识产权工程师评定人数	0.174	8	0.001	12
通过全国专利代理人资格考试人数	0.116	5	0.079	6
知识产权高级人才数	0.000	5	0.001	9
有专利申请和授权的双创人才数	0.067	10	0.059	9

值得欣慰的是，徐州市专利司法保护实力较好，其指标指数排名全省第4，与2013年比较，提升了1个位次，三级指标法院审结"三审合一"知识产权刑事试点案件量指标指数排名由全省第5跃升至全省第2。专利服务环境实力很好，由2013年的全省第4跃升至全省第1，三级指标每万件专利申请拥有知识产权服务机构数排名全省第1，与2013年比较，提升了3个位次。

2014年，徐州市知识产权工作以创建"知识产权示范市"为统领，大力培育自主知识产权，促进专利成果产业化，提高知识产权经济价值，积极营造良好的知识产权环境，知识产权工作有了较大进展。发明专利授权量、有效发明专利量跃升至全省第7，PCT申请量跃升至全省第6。2014年共有10项专利获国家、省专利奖，1名发明人获省十大杰出专利发明人称号。转化专利成果1000余件。

四、常州市专利实力分项指标分析

常州市专利实力指数为0.454，排名全省第5，与2013年比较，下降1个位次。如图4-4所示，常州市专利创造、专利运用、专利保护和专利环境四个指标发展不均衡，与2013年比较，专利创造实力和保护实力有所提升。

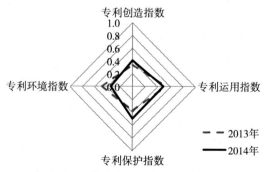

图4-4　常州市专利实力一级指标指数

常州市专利保护指标指数最高，为0.503，排名全省第5，与2013年比较，提升了1个位次，三级指标查处专利侵权纠纷和假冒专利案件量指数为0.857，排名全省第2，走在了全省前列。2013年，常州市知识产权局制定印发了《常州市知识产权执法维权"护航"专项行动方案》，并与辖市区签订了《2014年度工作目标任务责任状》明确专利行政执法工作内容和目标，推进了地区专利保护工作有效开展。专利环境指标指数最低，为0.345，排名全省第8，与2013年比较，下降了4个位次，三级指标知识产权工程师评定人数指数排名全省第12，与2013年比较，下降了6个位次，常州市今后应该高度重视知识产权专业人才的培养，鼓励企事业单位管理及技术人员踊跃参加知识产权工程师培训，积极培养知识产权专业人才（见表4-4）。

表4-4　常州市专利实力分项指标指数

指标	2013年		2014年	
	指数	排名	指数	排名
专利实力指数	0.435	4	0.454	5
专利创造	0.335	5	0.415	5
数量	0.286	6	0.256	6
发明专利授权量	0.237	4	0.311	4
PCT国际专利申请量	0.152	5	0.159	5
战略性新兴产业专利授权量	0.438	4	0.387	4
有专利申请高企数占高企总数比例	0.315	12	0.209	10
质量	0.283	7	0.468	6
发明专利授权量占比	0.215	5	0.348	5
有发明专利授权企业数占有专利授权企业数比例	0.404	7	0.597	8
高价值专利占授权发明专利比例	0.173	5	0.726	6
发明专利授权率	/	/	0.406	5

续表

指标	2013年		2014年	
	指数	排名	指数	排名
专利获奖数量	0.265	3	0.119	7
效率	0.437	4	0.462	5
每万人有效发明专利量	0.472	4	0.534	4
每百双创人才发明专利申请与授权量	/	/	0.021	12
每亿元 GDP 企业发明专利授权量	0.560	4	0.606	3
每千万元研发经费发明专利申请量	/	/	0.678	5
战略性新兴产业每百亿元产值有效发明专利量	/	/	0.421	3
每亿美元出口额 PCT 国际专利申请量	/	/	0.220	8
专利运用	**0.534**	**4**	**0.492**	**5**
数量	0.558	4	0.583	6
专利实施许可合同备案量	0.558	4	0.500	5
专利实施许可合同备案涉及专利量	/	/	0.667	6
效果	0.510	6	0.432	6
专利运营和转化实施项目数	0.750	5	0.250	4
重大科技成果转化项目数	0.625	4	0.714	3
专利质押融资金额	0.154	9	0.331	8
专利保护	**0.378**	**6**	**0.503**	**5**
行政保护	0.492	5	0.545	7
查处专利侵权纠纷和假冒专利案件量	0.859	2	0.857	2
正版正货承诺企业数量	0.238	8	0.284	8
维权援助中心举报投诉受理量	0.378	6	0.313	8
司法保护	0.263	7	0.441	6
法院审结知识产权民事一审案件量	0.525	4	0.382	5
法院审结"三审合一"知识产权刑事试点案件量	0.000	13	0.500	8
专利环境	**0.494**	**4**	**0.345**	**8**
管理	0.515	3	0.421	5
知识产权专项经费投入	0.157	5	0.132	6

指标	2013年		2014年	
	指数	排名	指数	排名
知识产权管理机构人员数	/	/	0.595	6
省实施知识产权战略试点示范县（市、区），园区数	0.889	2	0.333	8
企业知识产权管理标准化和战略推进计划数	0.680	2	0.625	4
服务	0.810	1	0.507	7
每万件专利申请拥有知识产权服务机构数	0.560	3	0.241	10
专利申请代理率	0.932	3	0.996	2
专利电子申请率	0.938	5	0.816	7
人才	0.156	6	0.158	5
知识产权专业人才培训人数	0.358	4	0.474	4
知识产权工程师评定人数	0.217	6	0.001	12
通过全国专利代理人资格考试人数	0.151	4	0.162	4
知识产权高级人才数	0.000	5	0.036	4
有专利申请和授权的双创人才数	0.053	11	0.118	7

值得注意的是，常州市专利创造效率指标下的每百双创人才发明专利申请与授权量排名全省第12，常州市今后应把高层次创新创业人才队伍建设作为增强自主创新能力的重要环节，大力引进高层次创新创业人才。

与苏州市和无锡市比较，常州市具有优势的指标较少，主要表现在个别三级指标占优势。专利申请代理率指标指数排名领先苏州6个位次、领先无锡3个位次，查处专利侵权纠纷和假冒专利案件量领先无锡5个位次，知识产权管理机构人员数领先无锡4个位次，专利电子申请率指标指数排名领先无锡3个位次。

五、苏州市专利实力分项指标分析

苏州市专利实力较强，专利实力指数为0.757，排名全省第2。如图4-

5所示，苏州市专利创造、专利运用、专利保护和专利环境四个指标发展较不均衡，与2013年比较，专利保护实力有所提升。

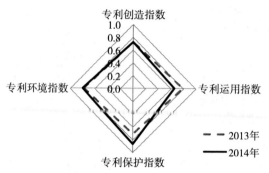

图4-5　苏州市专利实力一级指标指数

苏州市专利保护指标指数最高，为0.865，排名全省第1，与2013年比较，提升了1个位次。专利运用指标指数最低，为0.658，排名全省第3，与2013年比较，下降了1个位次，三级指标专利质押融资金额指标不占优势，排名全省第9，苏州市需优化鼓励知识产权质押融资的政策措施，相关中介机构也应提高服务水平，为专利质押融资提供财务、保险、法律等相关配套服务（见表4-5）。

表4-5　苏州市专利实力分项指标指数

指标	2013年		2014年	
	指数	排名	指数	排名
专利实力指数	0.752	1	0.757	2
专利创造	0.727	1	0.722	2
数量	0.900	1	0.921	1
发明专利授权量	0.932	2	1.000	2
PCT国际专利申请量	1.000	1	1.000	1
战略性新兴产业专利授权量	1.000	1	1.000	1

指标	2013年		2014年	
	指数	排名	指数	排名
有专利申请高企数占高企总数比例	0.666	6	0.524	7
质量	0.652	2	0.650	3
发明专利授权量占比	0.169	8	0.362	4
有发明专利授权企业数占有专利授权企业数比例	0.678	5	0.821	5
高价值专利占授权发明专利比例	1.000	1	1.000	1
发明专利授权率	/	/	0.400	7
专利获奖数量	0.412	2	0.937	2
效率	0.629	2	0.670	2
每万人有效发明专利量	0.667	3	0.725	2
每百双创人才发明专利申请与授权量	/	/	0.486	3
每亿元GDP企业发明专利授权量	1.000	1	1.000	1
每千万元研发经费发明专利申请量	/	/	1.000	1
战略性新兴产业每百亿元产值有效发明专利量	/	/	0.241	4
每亿美元出口额PCT国际专利申请量	/	/	0.126	10
专利运用	**0.794**	**2**	**0.658**	**3**
数量	0.774	2	0.702	3
专利实施许可合同备案量	0.774	2	0.550	3
专利实施许可合同备案涉及专利量	/	/	0.855	3
效果	0.814	2	0.628	3
专利运营和转化实施项目数	1.000	1	0.750	2
重大科技成果转化项目数	1.000	1	0.929	2
专利质押融资金额	0.443	4	0.206	9
专利保护	**0.708**	**2**	**0.865**	**1**
行政保护	0.689	2	0.806	1
查处专利侵权纠纷和假冒专利案件量	1.000	1	1.000	1
正版正货承诺企业数量	0.667	4	0.750	4
维权援助中心举报投诉受理量	0.400	5	0.500	6

续表

指标	2013年		2014年	
	指数	排名	指数	排名
司法保护	0.726	3	0.953	1
法院审结知识产权民事一审案件量	1.000	1	0.984	2
法院审结"三审合一"知识产权刑事试点案件量	0.451	3	0.922	3
专利环境	**0.779**	**1**	**0.800**	**1**
管理	0.958	1	0.901	1
知识产权专项经费投入	1.000	1	1.000	1
知识产权管理机构人员数	/	/	0.881	2
省实施知识产权战略试点示范县（市、区），园区数	1.000	1	1.000	1
企业知识产权管理标准化和战略推进计划数	1.000	1	0.722	3
服务	0.602	10	0.754	4
每万件专利申请拥有知识产权服务机构数	0.250	8	0.706	4
专利申请代理率	0.744	7	0.833	8
专利电子申请率	0.813	9	0.820	6
人才	0.777	2	0.770	1
知识产权专业人才培训人数	1.000	1	1.000	1
知识产权工程师评定人数	0.826	3	0.480	5
通过全国专利代理人资格考试人数	0.726	2	1.000	1
知识产权高级人才数	0.333	2	0.143	2
有专利申请和授权的双创人才数	1.000	1	1.000	1

与无锡市和常州市比较，苏州市绝大部分指标具有优势，专利实力4个一级指标，排名全省第1的达2个，分别为专利保护指标和专利环境指标，10个二级指标，排名全省前三的达9个，排名全省第1的达5个，37个三级指标，排名全省前三的达24个，排名全省第1的达11个。个别指标相对较弱，三级指标发明专利授权率、专利质押融资金额和专利申请代理率不占优势，分别排名全省第7、第9和第8，较无锡市分别落后3个、8个

和3个位次，较常州市分别落后2个、1个和6个位次。苏州市应挖掘自身存在的不足，攻坚克难，促进地区专利实力向更高平台迈进。

六、南通市专利实力分项指标分析

南通市专利实力较好，专利实力指数为0.502，排名全省第4，与2013年比较，提升了1个位次。如图4-6所示，南通市专利创造、专利运用、专利保护和专利环境四个指标发展较不均衡，与2013年比较，专利创造实力、运用实力和保护实力有所提升。

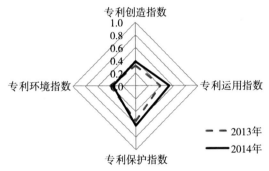

图4-6　南通市专利实力一级指标指数

南通市专利保护指标指数最高，为0.626，仍然排名全省第4，三级指标法院审结"三审合一"知识产权刑事试点案件量排名全省第7，与2013年比较，下降了2个位次，其他二级、三级指标指数排名较为均衡，排名位于全省第1至第5之间。专利环境指标指数最低，为0.363，排名全省第5，与2013年比较，提升了1个位次，但三级指标企业知识产权管理标准化和战略推进计划数、专利申请代理率和专利电子申请率不占优势，分别排名全省第10、第11、第12，南通市可在专利服务环境优化、企业知识产权管理标准化推广和企业知识产权战略实施方面多做努力（见表4-6）。

表4-6　南通市专利实力分项指标指数

指标	2013年		2014年	
	指数	排名	指数	排名
专利实力指数	0.420	5	0.502	4
专利创造	0.321	7	0.381	6
数量	0.390	4	0.351	4
发明专利授权量	0.145	6	0.163	6
PCT国际专利申请量	0.204	4	0.302	3
战略性新兴产业专利授权量	0.210	5	0.174	5
有专利申请高企数占高企总数比例	1.000	1	1.000	1
质量	0.335	6	0.407	7
发明专利授权量占比	0.080	11	0.262	7
有发明专利授权企业数占有专利授权企业数比例	0.539	6	0.821	6
高价值专利占授权发明专利比例	0.111	7	0.489	9
发明专利授权率	/	/	0.231	11
专利获奖数量	0.088	9	0.231	4
效率	0.237	8	0.372	6
每万人有效发明专利量	0.288	6	0.438	6
每百双创人才发明专利申请与授权量	/	/	0.259	5
每亿元GDP企业发明专利授权量	0.305	6	0.298	6
每千万元研发经费发明专利申请量	/	/	0.221	10
战略性新兴产业每百亿元产值有效发明专利量	/	/	0.486	2
每亿美元出口额PCT国际专利申请量	/	/	0.470	3
专利运用	0.397	7	0.549	4
数量	0.322	6	0.604	5
专利实施许可合同备案量	0.322	6	0.505	4
专利实施许可合同备案涉及专利量	/	/	0.703	5
效果	0.472	7	0.513	5
专利运营和转化实施项目数	0.500	8	0.001	9

续表

指标	2013年		2014年	
	指数	排名	指数	排名
重大科技成果转化项目数	0.375	6	0.643	4
专利质押融资金额	0.541	3	0.895	2
专利保护	**0.552**	**4**	**0.626**	**4**
行政保护	0.742	1	0.695	4
查处专利侵权纠纷和假冒专利案件量	0.608	3	0.792	3
正版正货承诺企业数量	0.619	5	0.364	5
维权援助中心举报投诉受理量	1.000	1	1.000	1
司法保护	0.361	4	0.521	5
法院审结知识产权民事一审案件量	0.327	5	0.495	3
法院审结"三审合一"知识产权刑事试点案件量	0.394	5	0.547	7
专利环境	**0.408**	**6**	**0.363**	**5**
管理	0.468	5	0.558	3
知识产权专项经费投入	0.303	3	0.520	2
知识产权管理机构人员数	/	/	0.643	5
省实施知识产权战略试点示范县（市、区），园区数	0.667	4	1.000	1
企业知识产权管理标准化和战略推进计划数	0.400	6	0.069	10
服务	0.661	6	0.501	8
每万件专利申请拥有知识产权服务机构数	0.437	6	0.576	5
专利申请代理率	0.671	9	0.555	11
专利电子申请率	0.874	8	0.223	12
人才	0.095	9	0.118	8
知识产权专业人才培训人数	0.090	6	0.100	7
知识产权工程师评定人数	0.130	9	0.320	6
通过全国专利代理人资格考试人数	0.041	7	0.062	7
知识产权高级人才数	0.000	5	0.001	9
有专利申请和授权的双创人才数	0.213	6	0.162	5

南通市专利实力4个一级指标，没有位居全省前三位和后三位的指标；10个二级指标，仅专利管理环境一个指标排名全省前三，没有排名后三位的指标；37个三级指标，排名全省前三位的10个，排名全省后三位的3个，南通市极优和不足的指标较少。南通市在专利提质增效、专利申请代理率和专利电子申请率等方面还有较大的提升空间。

七、连云港市专利实力分项指标分析

连云港市专利实力指数为0.192，仍然排名全省第11。如图4-7所示，连云港市专利创造、专利运用、专利保护和专利环境四个指标发展不均衡，与2013年比较，专利保护实力有较大提升，不均衡性有所减弱。

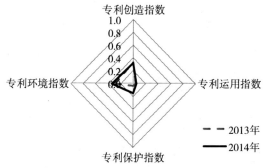

图4-7　连云港市专利实力一级指标指数

连云港市专利环境指标指数最高，为0.349，排名全省第7，与2013年比较，提升了4个位次，二级指标专利服务环境较好，排名全省第3，仅次于徐州市和南京市，与2013年比较，提升了4个位次，三级指标知识产权专项经费投入、企业知识产权管理标准化和战略推进计划数、知识产权专业人才培训人数、有专利申请和授权的双创人才数不占优势，均排名全省后三位。专利运用指标指数最低，为0.051，排名全省后三位，二级指标和大部分三级指标均很弱，连云港市应借助国家知识产权示范市建设的契机，强化专利转化运用的政策支持和资金支持，鼓励重大科技成果转化实施，扶持个人、中小企业及科研院所等将自主知识产权产业化（见表4-7）。

表4-7　连云港市专利实力分项指标指数

指标	2013年		2014年	
	指数	排名	指数	排名
专利实力指数	0.173	11	0.192	11
专利创造	0.328	6	0.326	7
数量	0.182	10	0.045	13
发明专利授权量	0.047	9	0.036	11
PCT国际专利申请量	0.049	9	0.043	10
战略性新兴产业专利授权量	0.021	12	0.019	12
有专利申请高企数占高企总数比例	0.612	7	0.093	12
质量	0.453	4	0.664	2
发明专利授权量占比	0.221	4	0.109	10
有发明专利授权企业数占有专利授权企业数比例	1.000	1	1.000	1
高价值专利占授权发明专利比例	0.235	4	0.761	5
发明专利授权率	/	/	0.915	2
专利获奖数量	0.118	7	0.154	5
效率	0.349	7	0.139	10
每万人有效发明专利量	0.086	9	0.082	9
每百双创人才发明专利申请与授权量	/	/	0.042	11
每亿元GDP企业发明专利授权量	0.244	7	0.143	8
每千万元研发经费发明专利申请量	/	/	0.148	11
战略性新兴产业每百亿元产值有效发明专利量	/	/	/	/
每亿美元出口额PCT国际专利申请量	/	/	0.387	4
专利运用	0.042	13	0.051	13
数量	0.010	12	0.001	13

续表

指标	2013年		2014年	
	指数	排名	指数	排名
专利实施许可合同备案量	0.010	12	0.001	13
专利实施许可合同备案涉及专利量	/	/	0.001	13
效果	0.074	13	0.084	12
专利运营和转化实施项目数	0.000	13	0.250	4
重大科技成果转化项目数	0.208	10	0.001	9
专利质押融资金额	0.013	12	0.003	12
专利保护	**0.032**	**13**	**0.144**	**13**
行政保护	0.000	13	0.005	13
查处专利侵权纠纷和假冒专利案件量	0.000	13	0.001	13
正版正货承诺企业数量	0.000	13	0.011	12
维权援助中心举报投诉受理量	0.000	13	/	/
司法保护	0.064	13	0.352	7
法院审结知识产权民事一审案件量	0.000	13	0.001	13
法院审结"三审合一"知识产权刑事试点案件量	0.127	11	0.703	5
专利环境	**0.288**	**11**	**0.349**	**7**
管理	0.202	12	0.212	10
知识产权专项经费投入	0.029	11	0.001	12
知识产权管理机构人员数	/	/	0.405	9
省实施知识产权战略试点示范县（市、区），园区数	0.444	8	0.444	6
企业知识产权管理标准化和战略推进计划数	0.000	13	0.001	13
服务	0.643	7	0.808	3
每万件专利申请拥有知识产权服务机构数	0.334	7	0.758	3
专利申请代理率	0.655	11	0.919	4
专利电子申请率	0.940	3	0.845	5
人才	0.020	13	0.057	9
知识产权专业人才培训人数	0.016	12	0.026	11
知识产权工程师评定人数	0.043	12	0.240	7

续表

指标	2013年		2014年	
	指数	排名	指数	排名
通过全国专利代理人资格考试人数	0.041	7	0.021	10
知识产权高级人才数	0.000	5	0.036	4
有专利申请和授权的双创人才数	0.000	13	0.001	13

连云港市专利实力4个一级指标和10个二级指标，有专利创造质量和专利服务环境2个指标排名全省前三位，超过40%的指标排名全省后三位；37个三级指标，排名全省前三位的仅3个，排名全省后三位15个。连云港在专利产出数量和效率，专利技术实施与专利运营，专利行政执法、维权援助等专利保护，企业知识产权管理及知识产权专项经费投入等方面有很大的提升空间。

八、淮安市专利实力分项指标分析

淮安市专利实力指数为0.198，仍然排名全省第10。如图4-8所示，淮安市专利创造、专利运用、专利保护和专利环境四个指标发展较不均衡，与2013年比较，专利创造实力和专利保护实力有所提升。

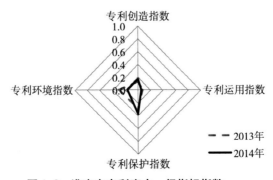

图4-8　淮安市专利实力一级指标指数

淮安市专利保护指标指数最高，为0.376，排名全省第8，与2013年比较，下降了1个位次，二级指标专利司法保护不占优势，排名全省第10，三级指标正版正货承诺企业数量很好，排名全省第1，淮安市专利司法保护还有很大的发展空间。专利运用指标指数最低，为0.056，排名全省第12，与2013年比较，下降了1个位次，二级、三级指标指数排名较为均衡，排名位于全省第9至第13之间（见表4-8）。淮安市专利运用效果不占优势，其下三级指标专利运营和转化实施项目数、重大科技成果转化项目数和专利质押融资金额分别排名全省第9、第9和第13，淮安市应积极探索专利运用新模式，研究制定专利保险、运营新政策，鼓励高价值专利转化实施，在专利产业化、市场化的道路上迈进一步。

表4-8　淮安市专利实力分项指标指数

指标	2013年		2014年	
	指数	排名	指数	排名
专利实力指数	0.199	10	0.198	10
专利创造	0.133	13	0.173	12
数量	0.029	13	0.062	12
发明专利授权量	0.045	11	0.046	10
PCT国际专利申请量	0.034	12	0.002	12
战略性新兴产业专利授权量	0.035	11	0.043	11
有专利申请高企数占高企总数比例	0.000	13	0.231	9
质量	0.147	10	0.279	11
发明专利授权量占比	0.199	6	0.137	9
有发明专利授权企业数占有专利授权企业数比例	0.387	8	0.652	7
高价值专利占授权发明专利比例	0.037	9	0.001	13
发明专利授权率	/	/	0.404	6
专利获奖数量	0.000	12	0.001	13

续表

指标	2013年		2014年	
	指数	排名	指数	排名
效率	0.222	9	0.129	11
每万人有效发明专利量	0.053	11	0.043	11
每百双创人才发明专利申请与授权量	/	/	0.087	10
每亿元GDP企业发明专利授权量	0.120	9	0.066	11
每千万元研发经费发明专利申请量	/	/	0.662	7
战略性新兴产业每百亿元产值有效发明专利量	/	/	/	/
每亿美元出口额PCT国际专利申请量	/	/	0.021	11
专利运用	**0.071**	**11**	**0.056**	**12**
数量	0.058	10	0.141	9
专利实施许可合同备案量	0.058	10	0.084	10
专利实施许可合同备案涉及专利量	/	/	0.198	9
效果	0.083	12	0.001	13
专利运营和转化实施项目数	0.250	10	0.001	9
重大科技成果转化项目数	0.000	13	0.001	9
专利质押融资金额	0.000	13	0.001	13
专利保护	**0.291**	**7**	**0.376**	**8**
行政保护	0.377	6	0.487	8
查处专利侵权纠纷和假冒专利案件量	0.130	9	0.105	10
正版正货承诺企业数量	1.000	1	1.000	1
维权援助中心举报投诉受理量	0.000	7	0.479	7
司法保护	0.204	9	0.211	10
法院审结知识产权民事一审案件量	0.056	12	0.031	12
法院审结"三审合一"知识产权刑事试点案件量	0.352	7	0.391	10
专利环境	**0.299**	**10**	**0.164**	**12**
管理	0.240	10	0.143	12
知识产权专项经费投入	0.000	13	0.001	13
知识产权管理机构人员数	/	/	0.476	7

续表

指标	2013年		2014年	
	指数	排名	指数	排名
省实施知识产权战略试点示范县（市、区），园区数	0.333	10	0.001	13
企业知识产权管理标准化和战略推进计划数	0.127	11	0.097	9
服务	0.627	8	0.350	11
每万件专利申请拥有知识产权服务机构数	0.234	10	0.001	13
专利申请代理率	0.758	6	0.853	6
专利电子申请率	0.888	7	0.898	4
人才	0.030	12	0.022	12
知识产权专业人才培训人数	0.028	11	0.001	13
知识产权工程师评定人数	0.087	10	0.080	8
通过全国专利代理人资格考试人数	0.007	12	0.001	13
知识产权高级人才数	0.000	5	0.036	4
有专利申请和授权的双创人才数	0.027	12	0.015	12

　　淮安市专利实力4个一级指标和10个二级指标，没有排名全省前三位的指标，排名全省后三位的10个；37个三级指标，排名全省前三位的仅1个，排名全省后三位的15个。淮安市在创新主体，尤其是高新技术企业和战略性新兴产业企业专利产出提质增效、专利许可转让等运用能力提升、知识产权服务机构服务能力提升、高层次人才引进与培养、专利专项经费投入等方面有很大的发展空间。

九、盐城市专利实力分项指标分析

　　盐城市专利实力指数为0.163，仍然排名全省第12。如图4-9所示，盐城市专利创造、专利运用、专利保护和专利环境四个指标发展较均衡，与2013年比较，专利创造实力和专利保护实力有所提升。

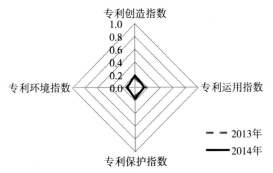

图4-9　盐城市专利实力一级指标指数

　　盐城市专利创造指标指数最高，为0.191，排名全省第10，与2013年比较，提升了2个位次，二级和三级指标中，高价值专利占授权发明专利比例指标较好，排名全省第3，处于全省上等水平，每百双创人才发明专利申请与授权量和战略性新兴产业每百亿元产值有效发明专利量指标排名全省第7，处于全省中等水平。专利环境指标指数最低，为0.128，排名全省后三位，二级和三级指标中，每万件专利申请拥有知识产权服务机构数指标较好，排名全省第7（表4-9）。

表4-9　盐城市专利实力分项指标指数

指标	2013年		2014年	
	指数	排名	指数	排名
专利实力指数	0.151	12	0.163	12
专利创造	0.139	12	0.191	10
数量	0.177	11	0.107	11
发明专利授权量	0.046	10	0.035	12
PCT国际专利申请量	0.036	11	0.003	11
战略性新兴产业专利授权量	0.061	10	0.062	10
有专利申请高企数占高企总数比例	0.564	8	0.504	8
质量	0.120	12	0.361	8

续表

指标	2013年		2014年	
	指数	排名	指数	排名
发明专利授权量占比	0.195	7	0.186	8
有发明专利授权企业数占有专利授权企业数比例	0.277	10	0.320	11
高价值专利占授权发明专利比例	0.012	12	0.900	3
发明专利授权率	/	/	0.253	9
专利获奖数量	0.118	7	0.035	11
效率	0.120	13	0.057	12
每万人有效发明专利量	0.044	12	0.041	12
每百双创人才发明专利申请与授权量	/	/	0.174	7
每亿元GDP企业发明专利授权量	0.097	12	0.051	12
每千万元研发经费发明专利申请量	/	/	0.001	13
战略性新兴产业每百亿元产值有效发明专利量	/	/	0.119	7
每亿美元出口额PCT国际专利申请量	/	/	0.001	13
专利运用	**0.183**	**10**	**0.145**	**9**
数量	0.058	10	0.116	10
专利实施许可合同备案量	0.058	10	0.104	9
专利实施许可合同备案涉及专利量	/	/	0.129	11
效果	0.307	9	0.164	8
专利运营和转化实施项目数	0.250	10	0.001	9
重大科技成果转化项目数	0.250	8	0.001	9
专利质押融资金额	0.422	5	0.492	5
专利保护	**0.129**	**11**	**0.175**	**11**
行政保护	0.093	10	0.203	10
查处专利侵权纠纷和假冒专利案件量	0.103	10	0.096	11
正版正货承诺企业数量	0.175	9	0.023	11
维权援助中心举报投诉受理量	0.000	7	0.688	4
司法保护	0.165	11	0.133	12

续表

指标	2013年		2014年	
	指数	排名	指数	排名
法院审结知识产权民事一审案件量	0.076	10	0.063	10
法院审结"三审合一"知识产权刑事试点案件量	0.254	8	0.203	11
专利环境	**0.151**	**13**	**0.128**	**13**
管理	0.266	9	0.187	11
知识产权专项经费投入	0.038	10	0.036	10
知识产权管理机构人员数	/	/	0.310	12
省实施知识产权战略试点示范县（市、区），园区数	0.000	13	0.333	8
企业知识产权管理标准化和战略推进计划数	0.360	7	0.069	10
服务	0.083	13	0.199	13
每万件专利申请拥有知识产权服务机构数	0.250	8	0.331	7
专利申请代理率	0.000	13	0.001	13
专利电子申请率	0.000	13	0.001	13
人才	0.103	8	0.030	11
知识产权专业人才培训人数	0.073	8	0.050	10
知识产权工程师评定人数	0.217	6	0.040	10
通过全国专利代理人资格考试人数	0.014	11	0.008	11
知识产权高级人才数	0.000	5	0.001	9
有专利申请和授权的双创人才数	0.213	6	0.074	8

　　盐城市专利实力4个一级指标和10个二级指标，没有排名全省前三位的指标，近60%的指标排名全省后三位；37个三级指标，排名全省前三位的指标仅1个，排名全省后三位的达16个。盐城市可在企业的专利产出效率提升、专利数量和质量提升、专利行政保护和司法保护能力提升、知识产权专业人才培养等方面多做工作。

十、扬州市专利实力分项指标分析

扬州市专利实力指数为 0.332，仍然排名全省第 7。如图 4-10 所示，扬州市专利创造、专利运用、专利保护和专利环境四个指标发展较不均衡，与 2013 年比较，专利保护实力有所提升。

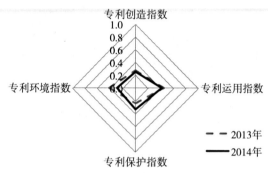

图 4-10　扬州市专利实力一级指标指数

扬州市专利运用指标指数最高，为 0.416，排名全省第 7，与 2013 年比较，下降了 1 个位次，专利运用效果指标下的专利运营和转化实施项目数不占优势，排名全省第 9，其他二级和三级指标指数排名位于全省第 4 至第 7 之间。专利创造指标指数最低，为 0.255，仍然排名全省第 8，专利创造数量下的有专利申请高企数占高企总数比例指标、创造质量下的高价值专利占授权发明专利比例指标和创造效率下的每亿美元出口额 PCT 国际专利申请量指标较好，分别排名全省第 3、第 4 和第 5（见表 4-10）。

表 4-10　扬州市专利实力分项指标指数

指标	2013年		2014年	
	指数	排名	指数	排名
专利实力指数	0.344	7	0.332	7

指标	2013年		2014年	
	指数	排名	指数	排名
专利创造	0.271	8	0.255	8
数量	0.267	7	0.208	7
发明专利授权量	0.072	8	0.073	8
PCT国际专利申请量	0.047	10	0.080	8
战略性新兴产业专利授权量	0.132	8	0.114	8
有专利申请高企数占高企总数比例	0.815	4	0.829	3
质量	0.173	9	0.343	9
发明专利授权量占比	0.088	10	0.091	11
有发明专利授权企业数占有专利授权企业数比例	0.334	9	0.359	10
高价值专利占授权发明专利比例	0.025	11	0.875	4
发明专利授权率	/	/	0.245	10
专利获奖数量	0.029	11	0.042	10
效率	0.374	6	0.188	8
每万人有效发明专利量	0.156	7	0.157	7
每百双创人才发明专利申请与授权量	/	/	0.148	9
每亿元GDP企业发明专利授权量	0.215	8	0.175	7
每千万元研发经费发明专利申请量	/	/	0.253	9
战略性新兴产业每百亿元产值有效发明专利量	/	/	0.097	8
每亿美元出口额PCT国际专利申请量	/	/	0.374	5
专利运用	0.454	6	0.416	7
数量	0.346	5	0.433	7
专利实施许可合同备案量	0.346	5	0.332	6
专利实施许可合同备案涉及专利量	/	/	0.535	7
效果	0.561	5	0.404	7
专利运营和转化实施项目数	0.750	5	0.001	9
重大科技成果转化项目数	0.542	5	0.643	4
专利质押融资金额	0.390	7	0.570	4

续表

指标	2013年		2014年	
	指数	排名	指数	排名
专利保护	0.233	9	0.331	9
行政保护	0.147	9	0.366	9
查处专利侵权纠纷和假冒专利案件量	0.027	12	0.393	8
正版正货承诺企业数量	0.413	7	0.330	6
维权援助中心举报投诉受理量	0.000	7	/	/
司法保护	0.318	5	0.280	9
法院审结知识产权民事一审案件量	0.184	8	0.137	6
法院审结"三审合一"知识产权刑事试点案件量	0.451	3	0.422	9
专利环境	0.418	5	0.295	9
管理	0.271	8	0.282	8
知识产权专项经费投入	0.052	9	0.017	11
知识产权管理机构人员数	/	/	0.333	11
省实施知识产权战略试点示范县（市、区），园区数	0.556	5	0.556	5
企业知识产权管理标准化和战略推进计划数	0.307	8	0.222	8
服务	0.759	3	0.496	9
每万件专利申请拥有知识产权服务机构数	0.749	2	0.307	8
专利申请代理率	0.864	4	1.000	1
专利电子申请率	0.664	12	0.560	11
人才	0.223	4	0.137	6
知识产权专业人才培训人数	0.040	9	0.073	9
知识产权工程师评定人数	0.609	4	0.520	4
通过全国专利代理人资格考试人数	0.041	7	0.033	8
知识产权高级人才数	0.000	5	0.001	9
有专利申请和授权的双创人才数	0.427	4	0.162	5

扬州市专利实力4个一级指标和10个二级指标，没有排名全省前三位及后三位的指标；37个三级指标，排名全省前三位的2个，排名全省后三

位的4个，均比2013年减少了1个，扬州市不足的指标进一步减少。扬州市在专利质量提升、知识产权专项经费投入、专利电子申请率等方面有很大的提升空间。

十一、镇江市专利实力分项指标分析

镇江市专利实力指数为0.419，仍然排名全省第6。如图4-11所示，镇江市专利创造、专利运用、专利保护和专利环境四个指标发展较均衡，与2013年比较，专利创造实力有所提升。

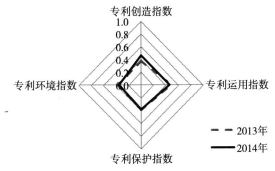

图4-11 镇江市专利实力一级指标指数

镇江市专利创造指标指数最高，为0.458，仍然排名全省第4，但三级指标高价值专利占授权发明专利比例排名全省第11，与2013年比较，下降了5个位次，镇江市今后应该大力发展知识产权密集型产业，研究制定高价值专利培育计划。专利环境指标指数最低，为0.350，排名全省第6，与2013年比较，提升了2个位次，二级指标专利管理环境较占优势，排名全省第4，与2013年比较，提升了3个位次，三级指标企业知识产权管理标准化和战略推进计划数、专利电子申请率和知识产权高级人才数较占优势，分别排名全省第2、第2和第3位，专利服务环境指标下的每万件专利申请拥有知识产权服务机构数较弱，排名全省第11，但与2013年比较，提升了2个位次（见表4-11）。

表4-11 镇江市专利实力分项指标指数

指标	2013年		2014年	
	指数	排名	指数	排名
专利实力指数	0.406	6	0.419	6
专利创造	**0.365**	**4**	**0.458**	**4**
数量	0.327	5	0.262	5
发明专利授权量	0.173	5	0.229	5
PCT国际专利申请量	0.108	6	0.063	9
战略性新兴产业专利授权量	0.140	7	0.152	7
有专利申请高企数占高企总数比例	0.887	2	0.836	2
质量	0.355	5	0.480	5
发明专利授权量占比	0.324	2	0.381	3
有发明专利授权企业数占有专利授权企业数比例	0.810	4	0.957	3
高价值专利占授权发明专利比例	0.160	6	0.298	11
发明专利授权率	/	/	0.474	3
专利获奖数量	0.147	6	0.105	8
效率	0.413	5	0.564	4
每万人有效发明专利量	0.447	5	0.495	5
每百双创人才发明专利申请与授权量	/	/	1.000	1
每亿元GDP企业发明专利授权量	0.457	5	0.534	5
每千万元研发经费发明专利申请量	/	/	0.957	2
战略性新兴产业每百亿元产值有效发明专利量	/	/	0.224	6
每亿美元出口额PCT国际专利申请量	/	/	0.341	7
专利运用	**0.489**	**5**	**0.457**	**6**
数量	0.284	8	0.268	8
专利实施许可合同备案量	0.284	8	0.252	8
专利实施许可合同备案涉及专利量	/	/	0.284	8
效果	0.694	4	0.583	4
专利运营和转化实施项目数	0.750	5	0.750	2

指标	2013年		2014年	
	指数	排名	指数	排名
重大科技成果转化项目数	0.333	7	0.357	7
专利质押融资金额	1.000	1	0.641	3
专利保护	**0.393**	**5**	**0.385**	**7**
行政保护	0.569	4	0.625	5
查处专利侵权纠纷和假冒专利案件量	0.499	4	0.680	5
正版正货承诺企业数量	0.476	6	0.330	6
维权援助中心举报投诉受理量	0.733	2	0.958	2
司法保护	0.216	8	0.025	13
法院审结知识产权民事一审案件量	0.234	7	0.049	11
法院审结"三审合一"知识产权刑事试点案件量	0.197	9	0.001	13
专利环境	**0.376**	**8**	**0.350**	**6**
管理	0.362	7	0.545	4
知识产权专项经费投入	0.178	4	0.155	5
知识产权管理机构人员数	/	/	0.690	4
省实施知识产权战略试点示范县（市、区)，园区数	0.556	5	0.444	6
企业知识产权管理标准化和战略推进计划数	0.547	4	0.889	2
服务	0.566	12	0.457	10
每万件专利申请拥有知识产权服务机构数	0.000	13	0.183	11
专利申请代理率	0.760	5	0.777	9
专利电子申请率	0.939	4	0.960	2
人才	0.199	5	0.130	7
知识产权专业人才培训人数	0.307	5	0.234	5
知识产权工程师评定人数	0.000	13	0.080	8
通过全国专利代理人资格考试人数	0.116	5	0.095	5
知识产权高级人才数	0.267	3	0.071	3
有专利申请和授权的双创人才数	0.307	5	0.206	4

镇江市专利实力4个一级指标和10个二级指标，没有排名全省前三位的指标，排名全省后三位的仅1个，为专利司法保护指标；37个三级指标，排名全省前三位的达12个，与2013年比较，增加了6个，排名全省后三位的4个，镇江市不足的指标较少，专利事业发展较为均衡。镇江市在本土知识产权服务机构培养、高价值专利培育、专利司法保护能力提升等方面还有很大的发展空间。

十二、泰州市专利实力分项指标分析

泰州市专利实力指数为0.309，排名全省第8。如图4-12所示，泰州市专利创造、专利运用、专利保护和专利环境四个指标发展不均衡，与2013年比较，专利保护实力有所提升。

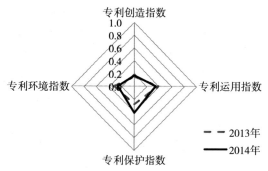

图4-12　泰州市专利实力一级指标指数

泰州市专利保护指标指数最高，为0.411，排名全省第6，与2013年比较，提升了2个位次，二级指标专利司法保护不占优势，排名全省第11，与2013年比较，下降了1个位次，其下三级指标法院审结知识产权民事一审案件量和法院审结"三审合一"知识产权刑事试点案件量不占优势，分别排名全省第9和第11。专利创造指标指数最低，为0.175，仍然排名全省第11，专利创造数量指标下的有专利申请高企数占高企总数比例排名全省第5，与2013年比较，提升了5个位次，专利创造质量较弱，排名全省后三位，专利创造效率指标下的每亿美元出口额PCT国际专利申请量指标较好，排名全省第2（见表4-12）。

表4-12　泰州市专利实力分项指标指数

指标	2013年		2014年	
	指数	排名	指数	排名
专利实力指数	0.286	8	0.309	8
专利创造	0.154	11	0.175	11
数量	0.172	12	0.151	8
发明专利授权量	0.038	12	0.049	9
PCT国际专利申请量	0.058	8	0.082	7
战略性新兴产业专利授权量	0.098	9	0.087	9
有专利申请高企数占高企总数比例	0.493	10	0.558	5
质量	0.120	13	0.144	13
发明专利授权量占比	0.063	12	0.081	12
有发明专利授权企业数占有专利授权企业数比例	0.270	11	0.180	12
高价值专利占授权发明专利比例	0.062	8	0.454	10
发明专利授权率	/	/	0.001	13
专利获奖数量	0.088	9	0.014	12
效率	0.170	11	0.226	7
每万人有效发明专利量	0.133	8	0.141	8
每百双创人才发明专利申请与授权量	/	/	0.152	8
每亿元GDP企业发明专利授权量	0.110	11	0.129	9
每千万元研发经费发明专利申请量	/	/	0.669	6
战略性新兴产业每百亿元产值有效发明专利量	/	/	0.026	9
每亿美元出口额PCT国际专利申请量	/	/	0.502	2
专利运用	0.383	8	0.342	8
数量	0.298	7	0.630	4

续表

指标	2013年		2014年	
	指数	排名	指数	排名
专利实施许可合同备案量	0.298	7	0.332	6
专利实施许可合同备案涉及专利量	/	/	0.927	2
效果	0.468	8	0.150	9
专利运营和转化实施项目数	1.000	1	0.250	4
重大科技成果转化项目数	0.208	10	0.001	9
专利质押融资金额	0.197	8	0.199	10
专利保护	**0.282**	**8**	**0.411**	**6**
行政保护	0.374	7	0.590	6
查处专利侵权纠纷和假冒专利案件量	0.235	7	0.757	4
正版正货承诺企业数量	0.175	9	0.205	9
维权援助中心举报投诉受理量	0.711	3	0.833	3
司法保护	0.190	10	0.142	11
法院审结知识产权民事一审案件量	0.183	9	0.081	9
法院审结"三审合一"知识产权刑事试点案件量	0.197	9	0.203	11
专利环境	**0.326**	**9**	**0.264**	**10**
管理	0.230	11	0.281	9
知识产权专项经费投入	0.083	7	0.078	8
知识产权管理机构人员数	/	/	0.476	7
省实施知识产权战略试点示范县（市、区），园区数	0.222	12	0.111	11
企业知识产权管理标准化和战略推进计划数	0.280	9	0.458	5
服务	0.614	9	0.320	12
每万件专利申请拥有知识产权服务机构数	0.471	5	0.109	12
专利申请代理率	0.449	12	0.274	12
专利电子申请率	0.923	6	1.000	1
人才	0.133	7	0.207	4
知识产权专业人才培训人数	0.080	7	0.157	6
知识产权工程师评定人数	0.435	5	0.960	2

续表

指标	2013年		2014年	
	指数	排名	指数	排名
通过全国专利代理人资格考试人数	0.041	7	0.029	9
知识产权高级人才数	0.000	5	0.036	4
有专利申请和授权的双创人才数	0.107	8	0.029	10

　　泰州市专利实力4个一级指标和10个二级指标，没有排名全省前三位的指标，排名全省后三位的4个；37个三级指标中，排名全省前三位的5个，与2013年比较，增加了3个，排名全省后三位的8个。泰州市在专利提质增效、专利保护环境改进、专利服务机构服务能力提升等方面有很大的发展空间。

十三、宿迁市专利实力分项指标分析

　　宿迁市专利实力指数为0.152，排名全省第13。如图4-13所示，宿迁市专利创造、专利运用、专利保护和专利环境四个指标发展较均衡，与2013年比较，专利运用实力和专利保护实力有所提升。

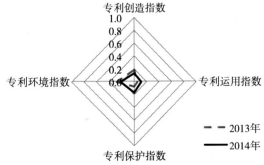

图4-13　宿迁市专利实力一级指标指数

宿迁市专利环境指标指数最高，为0.218，排名全省第11，与2013年比较，提升了1个位次，二级指标专利服务环境较好，排名全省第6，三级指标中，专利申请代理率和专利电子申请率两个指标很好，均排名全省第3，但与2013年比较，均下降了2个位次。专利运用指标指数最低，为0.116，排名全省第11，与2013年比较，提升了1个位次，二级和三级指标中，专利运营和转化实施项目数指标指数较好，排名全省第4，与2013年比较，提升了6个位次，其余指数指数排名较为均衡，排名位于全省第8至第11之间（见表4-13）。

表4-13 宿迁市专利实力分项指标指数

指标	2013年		2014年	
	指数	排名	指数	排名
专利实力指数	0.151	12	0.152	13
专利创造	**0.183**	**10**	**0.133**	**13**
数量	0.220	9	0.133	9
发明专利授权量	0.000	13	0.001	13
PCT国际专利申请量	0.000	13	0.001	13
战略性新兴产业专利授权量	0.000	13	0.001	13
有专利申请高企数占高企总数比例	0.881	3	0.800	4
质量	0.129	11	0.210	12
发明专利授权量占比	0.000	13	0.001	13
有发明专利授权企业数占有专利授权企业数比例	0.000	13	0.001	13
高价值专利占授权发明专利比例	0.000	13	0.993	2
发明专利授权率	/	/	0.020	12
专利获奖数量	0.000	12	0.056	9
效率	0.199	10	0.048	13
每万人有效发明专利量	0.000	13	0.001	13
每百双创人才发明专利申请与授权量	/	/	0.001	13

指标	2013年		2014年	
	指数	排名	指数	排名
每亿元GDP企业发明专利授权量	0.000	13	0.001	13
每千万元研发经费发明专利申请量	/	/	0.404	8
战略性新兴产业每百亿元产值有效发明专利量	/	/	0.021	10
每亿美元出口额PCT国际专利申请量	/	/	0.007	12
专利运用	**0.056**	**12**	**0.116**	**11**
数量	0.000	13	0.108	11
专利实施许可合同备案量	0.000	13	0.084	10
专利实施许可合同备案涉及专利量	/	/	0.132	10
效果	0.111	11	0.122	11
专利运营和转化实施项目数	0.250	10	0.250	4
重大科技成果转化项目数	0.042	12	0.071	8
专利质押融资金额	0.040	11	0.045	11
专利保护	**0.077**	**12**	**0.170**	**12**
行政保护	0.054	12	0.049	12
查处专利侵权纠纷和假冒专利案件量	0.036	11	0.086	12
正版正货承诺企业数量	0.127	11	0.001	13
维权援助中心举报投诉受理量	0.000	7	/	/
司法保护	0.099	12	0.351	8
法院审结知识产权民事一审案件量	0.070	11	0.123	7
法院审结"三审合一"知识产权刑事试点案件量	0.127	11	0.578	6
专利环境	**0.287**	**12**	**0.218**	**11**
管理	0.138	13	0.119	13
知识产权专项经费投入	0.016	12	0.060	9
知识产权管理机构人员数	/	/	0.001	13
省实施知识产权战略试点示范县（市、区），园区数	0.444	8	0.111	11
企业知识产权管理标准化和战略推进计划数	0.093	12	0.306	7
服务	0.690	5	0.538	6

续表

指标	2013年		2014年	
	指数	排名	指数	排名
每万件专利申请拥有知识产权服务机构数	0.070	11	0.263	9
专利申请代理率	1.000	1	0.959	3
专利电子申请率	1.000	1	0.943	3
人才	0.033	11	0.017	13
知识产权专业人才培训人数	0.000	13	0.023	12
知识产权工程师评定人数	0.087	10	0.040	10
通过全国专利代理人资格考试人数	0.000	13	0.004	12
知识产权高级人才数	0.000	5	0.001	9
有专利申请和授权的双创人才数	0.080	9	0.029	10

宿迁市专利实力4个一级指标和10个二级指标，没有排名全省前三位的指标，超过70%的指标排名全省后三位；37个三级指标，排名全省前三位的3个，排名全省后三位的达17个，与2013年比较，排名全省后三位的减少了6个。宿迁市在专利产出数量和质量、专利行政保护、专利运营、知识产权人才培养等方面有较大的提升空间。

第五章 附　录

一、江苏省专利实力指标体系与解释

（一）指标体系结构

本报告采用综合评价指数法对我省地区专利实力进行分析。2014年，各级知识产权管理部门更加强调知识产权运用和保护，因此，此次指标体系给予了专利运用、专利保护两个一级指标更高的权数。专利实力指标体系总权数为100，专利创造、运用、保护和环境4个一级指标权数分别为25、30、30、15，10个二级指标权数分别为6、10、9、12、18、18、12、4、5、6。

表5-1　江苏省专利实力指标体系

一级指标	二级指标	三级指标		
		序号	单位	指标
创造	数量	1	件	发明专利授权量
		2	件	PCT国际专利申请量
		3	件	战略性新兴产业专利授权量
		4	%	有专利申请高企数占高企总数比例
	质量	5	%	发明专利授权量占比
		6	%	有发明专利授权企业数占有专利授权企业数比例
		7	%	高价值专利占授权发明专利比例

续表

一级指标	二级指标	三级指标		
		序号	单位	指标
创造	质量	8	%	发明专利授权率
		9	项	专利获奖数量
	效率	10	件	每万人有效发明专利量
		11	件	每百双创人才发明专利申请与授权量
		12	件	每亿元GDP企业发明专利授权量
		13	件	每千万元研发经费发明专利申请量
		14	件	战略性新兴产业每百亿元产值有效发明专利量
		15	件	每亿美元出口额PCT国际专利申请量
运用	数量	16	份	专利实施许可合同备案量
		17	件	专利实施许可合同备案涉及专利量
	效果	18	项	专利运营和转化实施项目数
		19	项	重大科技成果转化项目数
		20	万元	专利质押融资金额
保护	行政保护	21	件	查处专利侵权纠纷和假冒专利案件量
		22	家	正版正货承诺企业数量
		23	人次	维权援助中心举报投诉受理量
	司法保护	24	件	法院审结知识产权民事一审案件量
		25	件	法院审结"三审合一"知识产权刑事试点案件量
环境	管理	26	万元	知识产权专项经费投入
		27	人	知识产权管理机构人员数
		28	家	省实施知识产权战略试点示范县（市、区），园区数
		29	家	企业知识产权管理标准化和战略推进计划数
	服务	30	家	每万件专利申请拥有知识产权服务机构数
		31	%	专利申请代理率
		32	%	专利电子申请率

一级指标	二级指标	三级指标		
		序号	单位	指标
环境	人才	33	人	知识产权专业人才培训人数
		34	人	知识产权工程师评定人数
		35	人	通过全国专利代理人资格考试人数
		36	人	知识产权高级人才数
		37	人	有专利申请和授权的双创人才数

（二）指标解释

（1）发明专利授权率：指一定时期，发明专利申请的数量在今后一段时期（3年/5年）获得国家知识产权行政管理部门授权数量的比例。由于发明专利授权率的计算相对滞后，本报告采用模糊处理，其计算公式为：2014年发明专利授权率＝（2012、2013和2014年发明专利授权量平均值）/（2012、2013和2014年发明专利申请量平均值）×100%。

（2）专利获奖数量：指一定时期，一定区域的专利权人获得国家级、省级专利奖和百件优质发明专利奖的数量。其计算公式为：国家级专利奖获奖数量×0.5+省级专利奖获奖数量×0.3+百件优质发明专利奖获奖数量×0.2。

（3）每百双创人才发明专利申请与授权量：指一定时期，一定区域每一百名高层次创新创业人才申请发明专利件数和获得经国家知识产权行政管理部门授权的发明专利件数总和。

（4）每千万元研发经费发明专利申请量：指一定时期，单位研发经费（千万元）获得的通过国家知识产权行政管理部门申请的发明专利件数。

（5）战略性新兴产业每百亿元产值有效发明专利量：指截至报告期末，战略性新兴产业单位产值（百亿元）拥有的经国家知识产权行政管理部门授权且在有效期内的发明专利件数。

（6）专利运营和转化实施项目数：即专利实施计划项目数。专利实施计划项目，是省局为实施创新驱动战略、推进知识产权强省建设、大力推动专利转化实施和专利运营工作而设置的年度申报项目。专利实施计划项目数是指依据《江苏省知识产权创造与运用专项资金使用管理办法》（苏财规〔2011〕21号）的要求及省局申报专利实施计划的通知进行项目申报并获得批准的项目数量。

二、江苏省专利实力指数计算方法

本报告采用综合评价指数法对各级指标进行合成。各级指标经标准化后均可称为"指数"，计算方法如下。

（1）将各三级指标按照以下规则标准化，得到三级指标的指数 y_{ij}，计算方法如下：

$$y_{ij} = \frac{x_{ij} - \min\limits_{1 \leq i \leq 13} x_{ij}}{\max\limits_{1 \leq i \leq 13} x_{ij} - \min\limits_{1 \leq i \leq 13} x_{ij}}$$

其中：y_{ij} 为第 j 个指标转化后的值，$\max x_{ij}$ 为最大样本值，$\min x_{ij}$ 为最小样本值，x_{ij} 为原始值。

当 $x_{ij} = \min\limits_{1 \leq i \leq 13} x_{ij}$ 时，$y_{ij}=0.001$[1]。

（2）二级指标指数 $Z_{i\cdot}$ 由三级指标指数加权综合而成，计算方法如下：

$$z_{i\cdot} = \sum_{j=1}^{n_i} w_{ij} y_{ij} / \sum_{j=1}^{n_i} w_{ij}$$

其中：w_{ij} 为各三级指标监测值相应的权数，n_i 为第 i 个二级指标下设三级指标的个数。

（3）一级指标指数 Y 由二级指标指数加权综合而成，计算方法如下：

$$Y = \sum_{i=1}^{n} w_i z_{i\cdot} / 100$$

---

1 三级指标排名全省最后一名时，指标经标准化后的指数为0.000。一个地区专利实力三级指标指数为0.000，不能说明该地区该指标年度目标完成情况。为了避免字面上的错误理解，在不影响其他指数的情况下，将0.000上调为0.001。

其中：w_i 为各二级指标指数的权数，n 为一级指标下设二级指标的个数。

三、数据资料

表5-2 江苏省各省辖市知识产权管理机构设置

机构名称	隶属关系	性质	级别	成立时间/年份	内设部门	编制人数
南京市知识产权局	市政府组成部门	行政	局级	2006	综合管理处	11
					行政执法处	
无锡市知识产权局	科技局挂牌	行政	处级	2003	政策法规处	10
					综合处	
徐州市知识产权局	科技局挂牌	行政	处级	2003	知识产权处与成果处	14
					政策法规处	
					专利执法大队	
常州市知识产权局	科技局挂牌	行政	处级	2003	协调管理处	8
					法政处	
苏州市知识产权局（版权局）	市政府组成部门	行政	处级	2002年挂牌，2008年独立设置	组织人事处	16
					监察处	
					专利执法处	
					专利管理处	
					版权管理处	
南通市知识产权局	科技局挂牌	行政	处级	2003	协调管理处	9
					执法处	
					专利管理处	
连云港市知识产权局	科技局挂牌	行政	处级	2001	知识产权管理处	10
					专利执法处	
淮安市知识产权局	科技局挂牌	行政	处级	2002	管理处	6
					执法处	

续表

机构名称	隶属关系	性质	级别	成立时间/年份	内设部门	编制人数
盐城市知识产权局	科技局挂牌	行政	处级	2008	知识产权管理处	3
扬州市知识产权局	科技局挂牌	行政	处级	2003	协调管理处 政策法规处	5
镇江市知识产权局	科技局挂牌	行政	处级	2003	协调管理处 政策法规处	8
泰州市知识产权局	科技局管理	事业	副处级	1997	综合处 专利管理处 政策法规处	9
宿迁市知识产权局	科技局挂牌	行政	处级	2003	知识产权处	2

表5-3　江苏省企业知识产权战略推进计划项目实施工作

单位：家

地区	申报单位	承担单位	
	2014年	累计	2014年
南京市	25	44	5
无锡市	22	48	7
徐州市	14	25	4
常州市	38	45	12
苏州市	29	58	9
南通市	18	35	5
连云港市	7	21	2
淮安市	13	23	3
盐城市	11	30	3
扬州市	23	39	8
镇江市	31	50	14
泰州市	17	34	5

续表

地区	申报单位	承担单位	
	2014年	累计	2014年
宿迁市	14	19	3
全省	262	471	80

表5-4 江苏省企业知识产权管理标准化示范创建工作

单位：家

地区	开展示范创建企业		示范创建评价结果			
			合格企业		先进企业	
	累计	2014年	累计	2014年	累计	2014年
南京市	452	94	117	12	63	13
无锡市	394	50	98	0	57	11
徐州市	195	24	51	9	25	6
常州市	383	60	112	22	44	9
苏州市	664	70	94	0	70	8
南通市	346	27	163	41	61	10
连云港市	140	25	21	0	13	1
淮安市	198	31	71	0	44	10
盐城市	254	29	55	0	41	3
扬州市	279	35	89	7	52	12
镇江市	407	77	152	10	78	17
泰州市	299	55	76	0	58	10
宿迁市	174	46	62	4	24	6
全 省	4185	623	1161	105	630	116

表5-5 2014年江苏省知识产权宣传工作

稿件分布	中国知识产权报			政务信息	
	全年订阅（份）	"4·26"特刊（份）	投稿刊用数（篇）	国家局（篇）	省局网站（篇）
省局	928	200	65	95	149

续表

稿件分布	中国知识产权报			政务信息	
	全年订阅（份）	"4·26"特刊（份）	投稿刊用数（篇）	国家局（篇）	省局网站（篇）
南京市	178	1100	12	4	32
无锡市	299	1000	5	3	24
徐州市	420	650	2	0	12
常州市	387	900	16	6	41
苏州市	464	1250	20	4	74
南通市	230	800	11	3	48
连云港市	159	600	34	3	23
淮安市	151	600	4	2	11
盐城市	276	600	1	1	18
扬州市	378	850	7	4	41
镇江市	485	850	7	11	67
泰州市	395	850	9	6	52
宿迁市	149	750	0	2	47
合 计	4899	11000	193	144	639

表5-6 2014年江苏省重大科技成果转化项目知识产权审查

年份	审查项目数（项）	专利地域		审查专利总量（件）
		中国（件）	国外（件）	
2014	121	1703	29	1732

表5-7 2014年县（市）地区生产总值与有效发明专利量

县（市）	地区生产总值绝对量（亿元）	有效发明专利量（件）	县（市）	地区生产总值绝对量（亿元）	有效发明专利量（件）
江阴市	2753.95	1806	洪泽县	203.06	30
宜兴市	1233.89	1359	盱眙县	283.77	177

县（市）	地区生产总值绝对量（亿元）	有效发明专利量（件）	县（市）	地区生产总值绝对量（亿元）	有效发明专利量（件）
丰县	341.63	52	金湖县	190.20	108
沛县	564.96	79	响水县	222.00	59
睢宁县	419.97	32	滨海县	328.20	117
新沂市	473.54	59	阜宁县	330.62	73
邳州市	684.48	122	射阳县	370.10	59
溧阳市	716.29	602	建湖县	392.00	75
金坛市	471.48	303	东台市	610.33	117
常熟市	2009.36	2555	大丰市	486.70	236
张家港市	2180.25	1919	宝应县	408.20	144
昆山市	3001.02	3526	仪征市	454.54	127
太仓市	1065.33	1211	高邮市	420.70	143
海安县	624.14	1349	丹阳市	1008.96	513
如东县	615.51	739	扬中市	445.35	447
启东市	739.13	840	句容市	440.96	469
如皋市	743.64	1144	兴化市	624.83	156
海门市	836.50	980	靖江市	666.19	293
东海县	359.32	93	泰兴市	675.84	434
灌云县	274.98	36	沭阳县	579.96	98
灌南县	259.25	64	泗阳县	332.24	61
涟水县	302.35	42	泗洪县	330.00	54

表5-8　2014年县（市）每万人有效发明专利量

县（市）	每万人有效发明专利量（件）	县（市）	每万人有效发明专利量（件）
江阴市	11.06	洪泽县	0.89
宜兴市	10.87	盱眙县	2.73

续表

县（市）	每万人有效发明专利量 （件）	县（市）	每万人有效发明专利量 （件）
丰县	0.55	金湖县	3.28
沛县	0.71	响水县	1.17
睢宁县	0.31	滨海县	1.24
新沂市	0.65	阜宁县	0.87
邳州市	0.85	射阳县	0.66
溧阳市	7.92	建湖县	1.02
金坛市	5.43	东台市	1.19
常熟市	16.93	大丰市	3.36
张家港市	15.33	宝应县	1.91
昆山市	21.41	仪征市	2.26
太仓市	17.11	高邮市	1.93
海安县	15.57	丹阳市	5.24
如东县	7.52	扬中市	13.09
启东市	8.78	句容市	7.51
如皋市	9.10	兴化市	1.24
海门市	10.86	靖江市	4.56
东海县	0.97	泰兴市	4.03
灌云县	0.45	沭阳县	0.63
灌南县	1.02	泗阳县	0.72
涟水县	0.50	泗洪县	0.60

表5-9 入围2015全国百强县的江苏县（市）地区生产总值与专利产量

序号	县（市）	百强县排名	地区生产总值 （亿元）	发明专利 授权量	发明专利 拥有量
1	江阴市	1	2753.95	266	1806
2	昆山市	1	3001.02	870	3526
3	张家港市	2	2180.25	427	1919

4	常熟市	3	2009.36	663	2555
5	太仓市	4	1065.33	324	1211
6	宜兴市	6	1233.89	303	1359
7	丹阳市	16	1008.96	152	513
8	海门市	22	836.50	66	980
9	靖江市	25	666.19	70	293
10	如皋市	26	743.64	158	1144
11	启东市	36	739.13	57	840
12	溧阳市	37	716.29	112	602
13	东台市	42	610.33	14	117
14	邳州市	43	684.48	40	122
15	大丰市	45	486.70	50	236
16	海安县	49	624.14	143	1349
17	泰兴市	51	675.84	59	434
18	沛县	52	564.96	36	79
19	如东县	56	615.51	64	739
20	新沂市	69	473.54	15	59
21	兴化市	77	624.83	30	156
22	建湖县	84	392.00	15	75
23	东海县	91	359.32	22	93
24	扬中市	94	445.35	98	447

表5-10　2014年省辖市分技术领域有效发明专利量

单位：件

技术领域	苏南五市				
	南京市	苏州市	无锡市	常州市	镇江市
电气工程	4860	4159	2181	999	601
半导体	218	530	485	226	32
电机、电气装置、电能	1378	1813	744	467	377

续表

技术领域	苏南五市				
	南京市	苏州市	无锡市	常州市	镇江市
电信	1016	278	135	84	48
基础通信程序	120	107	142	11	12
计算机技术	1009	676	327	78	86
计算机技术管理方法	30	7	2	0	2
数字通信	832	257	144	51	15
音像技术	257	491	202	82	29
化工	**8675**	**5793**	**4595**	**2860**	**1705**
表面加工技术、涂层	279	390	325	202	99
材料、冶金	1096	852	679	368	415
高分子化学聚合物	746	849	467	478	154
化学工程	929	726	533	358	160
环境技术	712	330	414	256	81
基础化学材料	915	840	548	409	250
生物技术	1224	339	665	83	112
食品化学	439	331	387	79	208
显微结构和纳米技术	22	14	19	4	10
药品	1184	441	283	216	112
有机精细化学	1129	681	275	407	104
机械工程	**2704**	**5605**	**3334**	**1640**	**1109**
发动机、泵、涡轮机	195	199	228	114	118
纺织和造纸机器	156	918	377	306	89
机器工具	686	1603	1038	439	283
机器零件	223	332	259	145	96
其他特殊机械	565	806	433	220	276
热工过程和器具	419	365	323	130	72
运输	254	584	200	151	99
装卸	206	798	476	135	76

续表

技术领域	苏南五市				
	南京市	苏州市	无锡市	常州市	镇江市
仪器	3403	2854	1254	703	495
测量	2148	1008	670	396	299
光学	341	856	162	74	61
控制	608	472	247	88	81
医学技术	306	518	175	145	54
其他领域	1081	1218	574	312	172
家具、游戏	67	408	61	50	42
其他消费品	305	274	185	72	17
土木工程	709	536	328	190	113
总计	20723	19629	11938	6514	4082

表5-11 2014年苏中三市技术领域有效发明专利量

单位：件

技术领域	苏中三市		
	南通市	扬州市	泰州市
电气工程	1227	256	161
半导体	142	48	6
电机、电气装置、电能	341	167	115
电信	212	16	13
基础通信程序	29	4	
计算机技术	256	11	11
计算机技术管理方法	1	0	0
数字通信	154	7	3
音像技术	92	3	13
化工	3921	934	859
表面加工技术、涂层	92	19	31
材料、冶金	493	107	134

续表

技术领域	苏中三市		
	南通市	扬州市	泰州市
高分子化学聚合物	275	160	60
化学工程	242	92	102
环境技术	114	56	31
基础化学材料	264	98	66
生物技术	85	98	57
食品化学	459	81	55
显微结构和纳米技术	2	0	0
药品	1529	64	212
有机精细化学	366	159	111
机械工程	**1769**	**577**	**550**
发动机、泵、涡轮机	117	29	63
纺织和造纸机器	347	42	22
机器工具	310	190	149
机器零件	145	43	73
其他特殊机械	329	124	78
热工过程和器具	130	43	68
运输	171	41	52
装卸	220	65	45
仪器	**840**	**166**	**156**
测量	406	88	71
光学	134	21	14
控制	100	20	22
医学技术	200	37	49
其他领域	659	131	228
家具、游戏	153	13	5
其他消费品	118	18	142
土木工程	388	100	81

技术领域	苏中三市		
	南通市	扬州市	泰州市
总计	8416	2064	1954

表5-12 2014年苏北五市分技术领域有效发明专利量

单位：件

技术领域	苏北五市				
	徐州市	连云港市	淮安市	盐城市	宿迁市
电气工程	140	38	57	70	52
半导体	5	3	4	11	3
电机、电气装置、电能	102	20	28	53	44
电信	8	1	4	2	3
基础通信程序	1	1	2	0	0
计算机技术	10	6	9	1	2
计算机技术管理方法	0	0	0	0	0
数字通信	9	2	1	1	0
音像技术	5	5	9	2	0
化工	729	859	518	669	137
表面加工技术、涂层	20	10	21	22	8
材料、冶金	75	85	126	66	11
高分子化学聚合物	44	37	32	21	21
化学工程	92	48	56	84	6
环境技术	71	18	16	27	7
基础化学材料	81	59	51	89	26
生物技术	31	52	22	27	8
食品化学	188	70	64	59	23
显微结构和纳米技术	0	0	1	0	0
药品	77	271	47	77	19
有机精细化学	50	209	82	197	8

续表

技术领域	苏北五市				
	徐州市	连云港市	淮安市	盐城市	宿迁市
机械工程	535	192	191	397	126
发动机、泵、涡轮机	25	10	10	32	1
纺织和造纸机器	13	25	27	70	23
机器工具	69	12	38	111	38
机器零件	46	4	18	38	27
其他特殊机械	67	83	52	59	28
热工过程和器具	35	10	26	28	2
运输	75	16	8	15	1
装卸	205	32	12	44	6
仪器	287	79	58	55	22
测量	206	55	22	27	17
光学	11	5	6	9	0
控制	52	5	14	9	3
医学技术	18	14	16	10	2
其他领域	406	49	42	66	17
家具、游戏	9	4	8	4	0
其他消费品	23	1	5	8	5
土木工程	374	44	29	54	12
总计	2097	1217	866	1257	354

表5-13 2014年省辖市有效发明专利维持年限

单位：年

省辖市	3年及以下	4~6年	7~9年	10年及以上	总计
南京市	8967	8275	2575	906	20723
无锡市	5117	5078	1386	357	11938
徐州市	1194	696	155	52	2097
常州市	2765	2550	904	295	6514

省辖市	3年及以下	4~6年	7~9年	10年及以上	总计
苏州市	8766	8031	2214	618	19629
南通市	3677	3674	846	219	8416
连云港市	490	379	204	144	1217
淮安市	446	310	94	16	866
盐城市	479	530	184	64	1257
扬州市	891	864	224	85	2064
镇江市	2118	1555	359	50	4082
泰州市	753	717	334	150	1954
宿迁市	169	156	22	7	354
其他	1	0	2	0	3
总计	35833	32815	9503	2963	81114

表5-14　2014年省辖市商标申请与注册量

单位：件

省辖市	申请量	注册量	有效注册量
南京市	24566	13007	78010
无锡市	13714	9641	80646
徐州市	5117	3029	19285
常州市	8481	5987	44631
苏州市	30337	19442	123824
南通市	8765	7173	45776
连云港市	3119	1919	12108
淮安市	4182	2875	12938
盐城市	5173	3429	20714
扬州市	7306	5197	34401
镇江市	4260	2598	17705
泰州市	4130	1852	13656

续表

省辖市	申请量	注册量	有效注册量
宿迁市	3667	2293	10017
总计	122817	79943	516356

注：申请量、注册量统计时间为 2013 年 12 月 16 日—2014 年 12 月 15 日，有效注册量统计时间截至 2014 年 12 月 15 日。

表5-15 2014年县（市、区）商标申请与注册量

单位：件

省辖市	县（市、区）	申请量	注册量	有效注册量
南京市	玄武区	1350	1337	7788
	白下区	1116	1561	8796
	秦淮区	1463	660	3392
	建邺区	1036	1029	5390
	鼓楼区	1587	1399	8965
	下关区	209	404	2790
	浦口区	770	644	3673
	六合区	736	519	2957
	栖霞区	1127	684	3338
	雨花台区	767	641	3245
	江宁区	1817	1739	9746
	溧水县	274	4	10
	高淳县	513	403	2692
无锡市	崇安区	149	107	609
	南长区	345	264	1299
	北塘区	195	226	1187
	滨湖区	736	707	3579
	惠山区	617	661	3895
	锡山区	1357	1025	9821
	江阴市	2506	3057	25581
	宜兴市	1248	1217	11059
	无锡市新区	444	80	956

省辖市	县（市、区）	申请量	注册量	有效注册量
徐州市	云龙区	220	80	371
	鼓楼区	87	40	233
	贾汪区	107	109	638
	泉山区	242	146	507
	邳州市	510	388	2143
	新沂市	281	238	1570
	铜山区	205	311	2016
	睢宁县	331	201	1384
	沛县	156	393	1618
	丰县	430	402	2377
常州市	新北区	1202	1359	8450
	钟楼区	584	529	3230
	天宁区	466	540	2978
	戚墅堰区	55	129	693
	武进区	1707	2103	17013
	金坛市	411	461	3036
	溧阳市	503	470	3599
苏州市	姑苏区	328	595	2916
	虎丘区	138	59	403
	吴中区	1808	1711	8140
	相城区	859	1067	6539
	吴江区	1483	1826	9763
	昆山市	4439	2884	16021
	太仓市	779	924	6899
	常熟市	4278	3350	26530
	张家港市	1585	2060	19669

续表

省辖市	县（市、区）	申请量	注册量	有效注册量
南通市	崇川区	393	219	1015
	港闸区	278	90	763
	海门市	1082	1061	7147
	启东市	596	656	5690
	通州区	975	1325	8171
	如皋市	557	724	5018
	如东县	666	784	4328
	海安县	587	910	4370
连云港市	新浦区	495	437	2868
	连云区	163	428	2273
	海州区	183	148	885
	赣榆县	372	324	1625
	灌云县	194	161	1106
	东海县	431	234	2222
	灌南县	150	181	1080
淮安市	清河区	152	105	507
	清浦区	104	114	503
	楚州区	87	226	1434
	淮阴区	290	496	1930
	金湖县	240	275	1399
	盱眙县	455	345	1690
	洪泽县	523	197	1071
	涟水县	336	421	1782

省辖市	县（市、区）	申请量	注册量	有效注册量
盐城市	亭湖区	224	268	1355
	盐都区	233	335	2026
	东台市	436	546	2773
	大丰市	410	326	2486
	射阳县	493	405	2393
	阜宁县	287	265	1754
	滨海县	235	160	1114
	响水县	247	221	999
	建湖县	294	401	1966
扬州市	维扬区	50	147	808
	广陵区	498	355	1147
	邗江区	654	432	4347
	仪征市	516	353	2844
	江都市	508	750	6417
	高邮市	912	711	4117
	宝应县	972	815	4441
镇江市	京口区	97	54	228
	润州区	86	23	185
	丹徒区	289	180	1306
	扬中市	353	185	1997
	丹阳市	1295	1317	8674
	句容市	314	428	1850
泰州市	海陵区	238	172	1026
	高港区	169	200	931
	靖江市	808	468	4544
	泰兴市	574	406	3233
	姜堰市	539	32	137
	兴化市	684	539	3574

续表

省辖市	县（市、区）	申请量	注册量	有效注册量
宿迁市	宿城区	248	158	1131
	宿豫区	103	166	980
	沭阳县	787	1283	3308
	泗阳县	243	164	1344
	泗洪县	364	240	1725

注．申请量、注册量统计时间为2013年12月16—2014年12月15日，有效注册量统计时间截至2014年12月15日。